草业良种良法配套手册 2020

农业农村部畜牧兽医局
全　国　畜　牧　总　站◎编

中国农业出版社
北　京

图书在版编目（CIP）数据

草业良种良法配套手册. 2020 / 农业农村部畜牧兽医局，全国畜牧总站编. —北京：中国农业出版社，2021.12（2023.11重印）
ISBN 978-7-109-29005-1

Ⅰ.①草… Ⅱ.①农… ②全… Ⅲ.①牧草—栽培技术—手册 Ⅳ.①S54-62

中国版本图书馆CIP数据核字（2022）第001872号

中国农业出版社出版
地址：北京市朝阳区麦子店街18号楼
邮编：100125
责任编辑：郑　君　　文字编辑：司雪飞
责任校对：吴丽婷
印刷：中农印务有限公司
版次：2021年12月第1版
印次：2023年11月北京第2次印刷
发行：新华书店北京发行所
开本：850mm × 1168mm　1/32
印张：4.25
字数：150千字
定价：58.00元

编委会

前言
FOREWORD

饲草产业是现代农业的重要组成部分，是粮经饲三元农业结构的重要内容，是草食畜牧业发展不可或缺的物质基础和全方位多渠道开发食物资源的重要抓手。《国务院办公厅关于促进畜牧业高质量发展的意见》明确要求，加快建设现代饲草产业，推进粮经饲统筹，提升牛羊肉和奶类供给保障能力。发展饲草产业，良种要先行。进入新世纪以来，国家相继启动并持续实施退牧还草、退耕还林还草等重大工程和草原生态保护补助奖励政策，我国饲草种业发展取得一定成效。党的十八大以来，中央财政支持开展振兴奶业苜蓿发展行动和粮改饲，与农机补贴等政策协同发力，推进现代饲草产业发展初见成效，但当前我国饲草总量供给不足、品种适应性不强、现代育种体系不健全等问题依然存在，制约了饲草种业和饲草产业高质量发展。推广良种良法是促进农牧民增产增收的关键，选用良种以抗旱、耐寒、耐盐碱、高产为目标，促进技术配套，强化示范推广，扩大种植面积，提升单产水平，增强优质饲草供应能力和种植效益，推动饲草产业高质量发展。为推广饲草良种种植，提高良种化率，近年来我们连续编辑出版《草业良种良法配套手册》，以期对饲草种植、收获、加工等栽培关键环节起到指导和参考作用。

本书收录了30个优良饲草品种，涉及豆科、禾本科，苜蓿属、柱花草属、黄芪属、胡枝子属、小冠花属、决明属、豇豆属、大豆属、高粱属、黧豆属、小黑麦属、黑麦属、燕麦属、雀麦属14个属。以品种申报单位提供素材为主要依据，按照品种特点、适宜区域、栽培技术、生产利用和营养成分等内容进行编写，配有照片或插图，以便读者查阅。

本书得到全国草品种审定委员会多位专家的大力支持，在编写过程中他们提供大量的指导意见和修改建议，对他们的辛勤劳动表示衷心感谢。由于时间仓促、水平有限，疏漏之处在所难免，敬请读者批评指正。

全国畜牧总站

2021年8月

目 录
CONTENTS

禾本科

豆科

甘农7号紫花苜蓿

甘农7号紫花苜蓿（*Medicago sativa* L. ‘Gannong No.7’）是从国内外26个苜蓿品种的穴播大田中，选择株型直立、叶色浓绿、茎秆脆嫩一折就断、活秆成熟的单株和类型，扦插到隔离区繁殖收种，收到的种子种成株行，继续进行选择，在隔离区连续单株选择3～4代，对中选单株进行不同生育阶段的营养成分分析，保留粗纤维含量低、粗蛋白含量高的单株，经茎秆拉伸、茎秆剪切、茎秆抗压折试验以及人工瘤胃消化试验等，最终选出秆粗纤维含量低、粗蛋白含量高的由24个无性繁殖系形成的综合品种。由甘肃创绿草业科技有限公司和甘肃农业大学于2013年5月15日品种登记，登记号460。

1 品种介绍

豆科苜蓿属多年生草本植物，主根发达，株型直立，茎圆形，茎秆脆嫩易折断，单株从根颈处萌生枝条数70个左右。三出复叶，中等偏大，长圆形或倒卵圆形，叶浓绿。总状花序，花蝶形，花萼筒状针形，花紫色或浅紫色。荚果螺旋形，平均2.7圈，成熟后黑褐色或黄褐色，种子肾形，千粒重2.1g。

在兰州地区种植，生育期约112d，耐寒性及耐旱性中等水平，生长速度快，产量高。干草产量13 000～17 000kg/hm²，种子产量600～900kg/hm²。枝条脆嫩易折断，粗纤维含量低，其中性洗涤纤维、酸性洗涤纤维比一般苜蓿品种低2～3个百分点，粗蛋白高约1个百分点，是一个优质品种。

2 适宜区域

甘农7号紫花苜蓿秋眠级4级左右，适宜在西北、华北及类似地区种植，在年均温4～10℃、年降水量400～800mm、海拔高度2 000m以下地区生长良好。最适宜在干旱少雨但又有灌溉条件的内陆绿洲灌区种植，可以生产出高质量的优质干草。甘农7号作为一个优质品种，也最适合在各奶牛场周边种植。

3 栽培技术

3.1 整地

苜蓿种子细小，播种地应比种粮食的更为精细，漫灌地要特别平整，便于均匀浇水和节约用水。喷灌地和滴灌地可平整成大块土地，允许有一定坡度。结合整地施用农家肥、商品有机肥及过磷酸钙、磷矿石粉等并深翻地，杂草多的地块可提前用药物进行土壤处理，减少苜蓿幼苗期的杂草危害。清除大田中杂物、树枝、石头等，以便于农机作业。盐碱重的地块可同时施用石膏粉调整或挖排碱沟排碱。

3.2 播种技术

3.2.1 种子处理

种子应用根瘤菌剂拌种，用量为每千克种子拌50g左右根瘤菌剂。

3.2.2 播种期

一般在3月至8月中旬播种较为适宜，有两个时期最好：一是在早春，地表解冻5～10cm时即可顶凌播种；二是7月下旬至8月中旬，较温暖地区可延至白露前后，这时正值雨季，播种下去很容易出苗，苗齐苗全。此时田间杂草和苜蓿一起出苗、一起生长，但由于温度渐低，杂草生长也慢，不会造成苜蓿幼苗被杂草压抑甚至“阴死”的状况，冬季杂草死亡，第二年苜蓿返青正常生长，避免了杂草危害。

3.2.3 播种量和播种方法

大田播种量为30kg/hm²，沙地旱地、盐碱地适当增加至45kg/hm²；收种田播种量为3.75～7.5kg/hm²，在铺地膜采用滚筒穴播时，播种量可减至3kg/hm²。使用精量点播机时最低用种量为1.125kg/hm²。播种方式有撒播、条播和穴播，一般大面积用条播。大型播种机采用穴播方式，且每穴落下的数粒种子不是聚成一撮，而是呈梅花状分布。除单播外，也适宜与禾本科牧草以1∶1混播，播种量分别为其单播时的60%～70%。收草田条播或穴播时，行距一般为20～30cm，收种田行距为60～120cm，株距为20～50cm，近年种子田多采用覆膜播种，每膜种3行，行距约60cm，两膜之间距亦为60cm左右；第二年以后，随着苜蓿生长发育，密度过大时，可把3行的中间1行用除草剂灭掉，变成60cm和120cm的宽窄行。种子田宜稀不宜密，株距在80cm上下为宜。

3.2.4 田间管理

苜蓿播种时，最大问题是杂草过多，往往造成播种失败。播种前和出苗后要注意防除杂草，阔叶杂草用咪唑乙烟酸、2, 4-滴盐酸钠（豆亮）灭除，或用刈割的方法抑制杂草。待苜蓿幼苗发旺、草层形成后，杂草危害就基本消除了。

收草田灌水有漫灌、喷灌和滴灌等形式，各地根据土壤状况、降水量、蒸发量等具体情况，逐渐摸索出一套水肥管理措施和制度。漫灌时地要平、块要小、水要大，比较省水；若地不平、地块大、水量小、细水长流，灌满一块地需时过长，渗漏过多，会浪费大量水资源。喷灌时要根据水量、水压等确定喷灌圈的大小，避免近处水大、远端水小的不均匀，还要确定喷灌的时间间隔、行走速度、持续时间等。滴灌时管带应埋入土中8～10cm，避免放置地表影响农机作业。

苜蓿有根瘤菌可固氮，但固氮量尚不足以维持高产的需求，需补充施肥，每茬次补施复合肥150～225kg/hm²。喷灌、滴灌时可选择溶解度高的化肥随水施入。苜蓿种子田水肥管理非常重要，水多了倒伏，水少了落花落果；肥多了徒长，肥少了植株低矮，种子千粒重小。宜根据当地条件，针对每个阶段，摸索出一套有效控制营养生长和生殖生长的经验来，因地制宜、因时制宜，并根据气候变化随时调整。

种子田要清除杂草，去杂去劣，保证收获的种子中杂草种子不能超标。菟丝子是苜蓿种子田检疫性杂草，要从各个环节严防菟丝子侵入。首先种子田选地时，要调查清楚该地有无菟丝子，若有就不能作为种子田，至少要种植其他粮食，如麦类、玉米3～5年后才能用作苜蓿制种。苜蓿种子田一旦发现菟丝子零星出现时，要立即割除，拿出地外晒干烧掉，并反复检查，及时割除，千万不能让其结籽造成更大范围危害；若菟丝子较多无法根除时，要果断地把种子田改为割草田，或翻耕种植其他作物。

3.2.5 病虫鼠害防控

苜蓿的病虫害较多，在西北干旱地区相对较少发生。有褐斑病、霜霉病、白粉病及根腐病零星发生。虫害较多，幼苗易受黑绒金龟子危害，干旱时易发生蚜虫，二茬草有叶蝉、蓟马危害，宜早发现、早用药，采用高效低毒低残留的农药防治。

黄土高原及青藏高原边缘地带，苜蓿田易受鼠类危害，特别是中华鼢鼠，从地下咬断苜蓿根拖走植株，造成草地逐年稀疏而衰败，须注意防除，采用饵料配以低毒鼠药进行诱杀。

4 生产利用

甘农7号紫花苜蓿具有低粗纤维、高蛋白的突出特点，是一个相对高产的优质品种，其现蕾、初花、盛花、结荚期四个生育期营养成分的平均值为：粗蛋白（CP）21.24%、粗脂肪（EE）3.37g/kg、酸性洗涤纤维（CF）27.35%、中性洗涤纤维（NDF）38.74%、灰分（ADF）9.01%、无氮浸出物（Ash）33.50%、钙（Ca）1.94%、磷（P）0.27%。

生产中可青饲、调制干草、作青贮及加工成型产品，基本同其他苜蓿品种，不再赘述。因其高蛋白、低粗纤维，可用其种子发芽作芽菜；春季返青后长出的嫩芽作蔬菜；用其进行苜蓿叶蛋白提取及在深加工方面有广阔的应用前景。

甘农7号紫花苜蓿营养成分（以干物质计）

生育期	CP (%)	EE (g/kg)	CF (%)	NDF (%)	ADF (%)	Ash (%)	Ca (%)	P (%)
现蕾期	22.70	3.68	25.64	36.67	9.43	31.77	2.01	0.28
初花期	21.54	3.59	26.35	38.14	8.93	33.21	1.96	0.26
盛花期	21.19	3.12	28.43	39.23	9.14	34.05	1.88	0.27
结荚期	19.53	3.09	28.98	40.93	8.53	34.98	1.92	0.25

杰斯盾（Gemstone）紫花苜蓿

杰斯盾紫花苜蓿（*Medicago sativa* L. ‘Gemstone’）是北京正道农业股份有限公司从美国引进的紫花苜蓿品种，2013年在美国AOSCA（Association of official seed certifying agencies）进行登记，2020年通过全国草品种审定委员会审定登记，登记证号585。杰斯盾紫花苜蓿经由9个亲本杂交选育而来，育种目标主要是牧草产量高、生产持续性好以及抗多种常见病虫害，如细菌性萎蔫病、镰刀菌枯萎病、黄萎病、炭疽病、疫霉根腐病、茎线虫等，主要用于华北、西北和内蒙古中西部等地区优质紫花苜蓿干草及青贮的生产，草场建设及畜牧业相关产业。杰斯盾紫花苜蓿秋眠级4级，抗寒指数为2。

1 品种介绍

豆科苜蓿属多年生草本植物，直根系，主根发达，根部共生根瘤菌，常结有较多的根瘤，由根颈处生长新芽和分枝，株高70～120cm，茎直立、光滑、粗2～4mm。花的颜色有96%紫色、2%杂色、1%白色、1%黄色和乳白色。具有高的多叶性状表达，叶茎比高，牧草品质好，具有较高的相对饲喂价值。在选育过程中经耐盐测试，萌发过程中表现出一定的耐盐性。

种子在5～6℃的温度下即可发芽，最适发芽温度为25～30℃。适应能力强，喜欢温暖、半湿润的气候条件，对土壤要求不严，除太黏重的土壤、极瘠薄的沙土及过酸或过碱的土壤外都能生长，最适宜在土层深厚疏松且富含钙的壤土中生长。不宜种植在强酸、强碱土中，喜欢中性或偏碱性的土壤，以pH 7～8为宜，土壤pH为6以下时根瘤不能形成，pH为5以下时会因缺钙不能生长。

2 适宜区域

秋眠级4级，抗寒指数2，适宜在我国西北、华北及内蒙古中西部地区进行推广种植，每年可刈割3～4次，干草产量为15 000～18 000kg/hm^2。

3 栽培技术

3.1 选地

适应性较强，对土壤要求不严格，农田、沙地和荒坡地均可栽培；大面积种植时应选择较开阔平整或稍有起伏的地块，以便机械作业。进行种子生产要选择光照充足、降水量少、利于花粉传播的地块。

3.2 土地整理

种子细小，需要深耕精细整地，播种前需要清除地面残茬，对土地进行深翻，翻耕深度不低于20cm，如果是初次种植的地块，翻耕深度应不低于30cm。翻耕后对土壤进行耙耱，使地块尽量平整。播前进行镇压，将土壤镇压紧实，以利于后期的出苗。在地下水位高或者降水量多的地区要注意做好排水系统，防止后期发生积水烂根。

3.3 播种技术

3.3.1 播种期

播种期可根据当地气候条件和前作收获期而定，因地制宜。杰斯盾紫花苜蓿秋眠级4级，抗寒能力强，适宜在北方或高海拔地区种植，可春播或秋播，春播多在春季墒情较好、风沙危害不大的地区进行，内蒙古地区也有早春顶凌播种。西北和内蒙古一般是4月或7月播种，最迟不晚于8月，以免影响越冬。

3.3.2 播种方式

播种方式主要有条播、撒播和覆膜穴播，一般为条播，便于田间管理。可单播也可混播，单播时行距建议为15～20cm，播种量为15.0～22.5kg/hm^2，也可和其他豆科及禾本科牧草进行混播，紫花苜蓿生长快、分枝较多、枝叶茂盛、刈割次数多、产量高，和其他禾本科牧草进行混合播种时，可根据利用目的和利用年限进行配比。

杰斯盾紫花苜蓿种子细小，顶土能力差，播种过深时影响出苗。播种深度根据土壤类型应有所调整，中等和黏质土壤中的播种深度为0.6～1.2cm，沙质土壤的播种深度为1.2～2.0cm。土壤水分状况好时可减少播种深度，土壤干旱时应加大播种深度，一般建议播深为1～2cm，播后及时镇压以利出苗。

3.4 水肥管理

抗旱能力强，但高水肥条件有利于其获得高产，水分充足能促进其生长和发育。在年降水量600mm以下地区，灌溉可以明显增产；在潮湿地区，当旱季来临、降水量少时灌溉能保持高产。在半干旱地区，降水量不能满足高产的需要，酌情补水才能获得高产。在生长季较长的地区，每次刈割后进行灌溉，可获得较大的增产效果，但长期的田间积水会导致植株死亡。

增施肥料和合理施肥是苜蓿高产、稳产、优质的关键，多次刈割苜蓿会不断消耗土壤矿物元素，甚至也会在肥沃的土壤上造成一种或多种元素的缺乏。紫花苜蓿种植时建议先测量土壤养分，根据土壤养分状况确定合理的肥料比例和用量，一般建议施用450kg/hm^{2}复合肥作底肥，每次刈割后都应追施少量过磷酸钙或磷酸二铵10～20kg/hm^2，以促进再生。越冬前施入少量的钾肥和硫肥，以提高越冬率。

3.5 病虫杂草防控

常见病害主要有褐斑病和根腐病，在干燥的灌溉区发病严重，发病初期可通过喷施15%粉锈宁1 000倍液或65%代森锰锌400～600倍液进行预防。病害的发生受多种因素的影响，种植过程需制定合理的栽培措施，做到及时预防才能有效减少病害的发生与危害，实现生产的高产、优质和高效。

虫害主要有蓟马、叶象甲、蚜虫、芫菁等，可提前收割，将卵、幼虫随收割的苜蓿一起带走，也可以通过喷洒药剂进行化学防治，要注意施药时间和收割时间的间隔，避免药效残留对家畜造成危害。

杂草在苜蓿建植阶段通过与苜蓿幼苗竞争并挤压幼苗，造成苜蓿减产，需除草2～3次。有效的杂草防除工作应从播种前开始并始终贯穿整个生产过程。彻底的耕翻作业可以将一年生杂草连根清除并控制已生长的多年生杂草。控制多年生杂草的除草剂应在春季或者秋季施用。

4 生产利用

杰斯盾紫花苜蓿主要用于干草生产和青贮利用。在西北、华北等省区有灌溉条件或降水量较多时每年可刈割3～4次，在内蒙古、新疆、甘肃等地无灌溉条件的地区，每年可刈割2～3次，增加刈割次数容易使苜蓿的叶茎比降低。一般建议在现蕾至初花期刈割比较合适，或者植株高度达到70cm时开始刈割，否则牧草品质开始下降。留茬高度影响产草量和植株存活情况，一般留茬高度为5～6cm，秋季最后一次刈割应该留茬10～15cm，促进营养物质特别是糖类在根系中的积累与储存，促进基部和根上越冬芽的成熟。一般建议在重霜期来临前40d停止刈割，如果这个时候刈割就会降低根和根颈中碳水化合物的贮藏量，不利于越冬和翌年返青。在单播紫花苜蓿地上放牧家畜或用刚刈割后的鲜苜蓿饲喂家畜时，家畜容易得臌胀病，不要让空腹的家畜直接进入嫩绿的苜蓿地，或放牧前饲喂一些干草和青贮料，也可以刈割晾晒后再进行放牧。

杰斯盾紫花苜蓿主要营养成分表（以风干物计）

生育期	CP (%)	NDF (%)	ADF (%)	Ash (%)	Ca (%)	P (%)	EE (g/kg)
初花期	19.0	41.6	33.2	9.4	2.1	0.23	15.6

数据来源：农业农村部全国草业产品质量监督检验测试中心。

歌纳（Gunner）紫花苜蓿

歌纳紫花苜蓿（*Medicago sativa*. L.‘Gunner’）是北京正道种业有限公司从美国引进的紫花苜蓿品种，2012年在美国AOSCA（Association of official seed certifying agencies）进行登记，2020年通过全国草品种审定委员会审定登记，登记证号604。歌纳紫花苜蓿由14个亲本杂交选育而来，育种目标主要是牧草产量高、生产持久性好，以及抗多种常见病虫害等。主要用于我国华北中部及气候类似的西北地区种植，以生产高产、优质的紫花苜蓿干草及青贮利用。

1 品种介绍

歌纳紫花苜蓿是豆科苜蓿属多年生草本植物，直根系，主根发达，根系主要分布在0～30cm土层，根部共生根瘤菌，常结有较多的根瘤，由根颈处生长新芽和分枝，一般有25～40个分枝。株高70～150cm，茎直立、光滑、粗2～4mm。常见5～7出羽状复叶、叶片大、小叶长圆形，蝶形花、花蓝色或紫色，异花授粉、虫媒为主。多叶率高，适口性好，消化率高，具有较高的相对饲喂价值。再生速度快，刈割后恢复能力强，牧草产量高，品质好。

2 适宜区域

歌纳紫花苜蓿秋眠级5级，抗寒指数1，具有较强的牧草产量潜力及抗寒能力。在全国各地进行引种试验，表现出较强的适应能力。2012年在河北三河、甘肃武威、宁夏银川等地区进行引种及区域试验，表现良好，牧草产量高、品质好，并表现出突出的抗旱能力。适宜在我国西北、华北等地区推广种植，每年可刈割4～6次，干草产量为15 000～18 000kg/hm^2。

3 栽培技术

3.1 选地

歌纳紫花苜蓿适应性较强，对土壤要求不严格，农田、沙地和荒坡地均可栽培；大面积种植时应选择较开阔平整的地块，以便机械作业。进行种子生产要选择光照充足、降水量少、利于花粉传播的地块。

3.2 土地整理

播种前需要深耕精细整地，对土地进行深翻，翻耕深度不低于20cm；如果是初次种植的地块，翻耕深度应不低于30cm。翻耕后对土壤进行耙耱，使地块尽量平整。播前进行镇压，将土壤镇压紧实，以利于后期的出苗。在地下水位高或者降水量多的地区要注意做好排水系统，防止后期发生积水烂根。

3.3 播种技术

3.3.1 播种期

播种期可根据当地气候条件和前作收获期而定，因地制宜。歌纳紫花苜蓿可春播或者秋播，春播多在春季墒情较好、风沙危害不大的地区进行，内蒙古地区也有早春顶凌播种。夏播常在春季土壤干旱、晚霜较迟或者春季风沙过多的地区进行。

3.3.2 播种

播种方式主要有条播、撒播和覆膜穴播，但一般建议条播，便于田间管理。可单播也可混播，单播时行距建议为12～20cm，播量为22.5～30.0kg/hm^2，也可和其他豆科及禾本科牧草进行混播。紫花苜蓿生长快，分枝较多，枝叶茂盛，刈割次数多，产量高。和其他禾本科牧草进行混合播种时，可根据利用目的和利用年限进行配比，一般建议禾本科和豆科牧草比例为1 ：3。

歌纳紫花苜蓿种子细小，顶土能力差，播种过深时影响出苗。播种深度根据土壤类型而有所调整，中等和黏质土壤中的播种深度为0.6 ～1.2cm，沙质土壤的播种深度为1.2～2.0cm。土壤水分状况好时可减少播种深度，土壤干旱时应加大播种深度，一般建议播深为1～2cm。

3.3.3 杂草防除

控制和消灭杂草是田间管理的关键，苜蓿苗期生长缓慢，需除草2～3次，以免受杂草的危害，但对有些地区，其后年份的杂草防除也不能忽视，早春返青及每次刈割后，也应进行杂草清除，促进再生。

3.4 水肥管理

歌纳紫花苜蓿抗旱性比较强，但水分充足时能促进其生长和发育。在年降水量600mm以下时，灌溉可以明显增产，在潮湿地区，当旱季来临、降水量少时灌溉能保持高产。在半干旱地区，降水量不能满足高产的需要，需酌情补水才能获得高产。在生长季较长的地区，每次刈割后进行灌溉，可获得较大的增产效果，但长期的田间积水会导致植株死亡。

增施肥料和合理施肥是苜蓿高产、稳产、优质的关键，多次刈割苜蓿会不断消耗土壤矿物元素，甚至也会在肥沃的土壤上造成一种或多种元素的缺乏。紫花苜蓿种植时建议先测量土壤养分，根据土壤养分状况确定合理的肥料比例和用量，一般建议施用450kg/hm^{2}复合肥作底肥，每次刈割后都应追施少量过磷酸钙或磷酸二铵10～20kg/hm^2，以促进再生。越冬前施入少量的钾肥和硫肥，以提高翌年的越冬率。

3.5 病虫杂草防控

常见病害主要有锈病、褐斑病和根腐病，在干燥的灌溉区发病严重，发病初期可通过喷施15%粉锈宁1 000倍液或65%代森锰锌400～600倍液进行预防。病害的发生受多种因素的影响，种植过程中需制定合理的栽培措施，做到及时预防才能有效减少病害的发生与危害，实现生产的高产、优质和高效。

虫害主要有蓟马、叶象、蚜虫、芫菁等，可提前收割，将卵、幼虫随收割的苜蓿一起带走，也可以通过喷洒药剂进行化学防治。要注意施药时间和收割时间的间隔，避免药效残留对家畜造成危害。

杂草在苜蓿建植阶段通过与苜蓿幼苗竞争并挤压幼苗，造成苜蓿减产。有效的杂草防除工作应从播种前开始并始终贯穿草地的整个生产过程。彻底的耕翻作业可以将一年生杂草连根清除并控制已生长的多年生杂草。控制多年生杂草的除草剂应在春季或者秋季施用。

4 生产利用

歌纳紫花苜蓿主要用于干草生产、青贮利用和人工草地混播。在西北、华北等省区有灌溉条件或降水量较多时每年可刈割4～6次，在内蒙古、新疆、甘肃等地无灌溉条件的地区，每年可刈割3～5次，增加刈割次数容易使苜蓿的叶茎比降低。

一般建议在现蕾–初花期刈割比较合适，或者植株高度达到70cm时开始刈割，否则牧草品质开始下降。留茬高度影响产草量和植株存活情况，一般留茬高度为5～6cm，秋季最后一次刈割应该留茬10～15cm，保证以后发枝的良好生长，促进营养物质特别是糖类在根系中的积累与储存，促进基部和根上越冬芽的成熟。一般建议在初霜期来临前30d停止刈割，如果这个时候刈割就会降低根和根茎中碳水化合物的贮藏量，因而不利于越冬和翌年春季生长。

在单播紫花苜蓿地上放牧家畜或用刚刈割后的鲜苜蓿饲喂家畜时，容易得臌胀病，不要让空腹的家畜直接进入嫩绿的苜蓿地或放牧前饲喂一些干草和青贮料或刈割晾晒后再进行放牧。

歌纳紫花苜蓿主要营养成分表（以风干物计）

生育期	干物质（DM，%）	CP（%）	NDF（%）	ADF（%）	Ash（%）	Ca（%）	P（%）	相对饲喂价值（RFV）
初花期	94.40	23.68	29.16	35.48	9.24	1.26	0.22	160

注：品质检测结果由蓝德雷饲草・饲料品质检测实验室提供。

歌纳紫花苜蓿群体

歌纳紫花苜蓿种子

乐金德（Legendairy XHD）紫花苜蓿

乐金德紫花苜蓿（*Medicago sativa*. L.‘Legendairy XHD’）是北京正道农业股份有限公司从美国引进的紫花苜蓿品种，2012年在美国AOSCA（Association of official seed certifying agencies）进行登记，2020年通过全国草品种审定委员会审定登记。乐金德经由65个亲本杂交选育而来，育种目标主要是牧草产量高、生产持续性好以及抗多种常见病虫害，如细菌性萎蔫病、镰刀菌枯萎病、黄萎病、炭疽病、疫霉根腐病、茎线虫等，主要用于华北、东北、西北和内蒙古中东部等地区优质紫花苜蓿干草及青贮的生产，草场建设及畜牧业相关产业。乐金德秋眠级3级，具有较强的抗寒能力，抗寒指数为1，抗病性强，再生速度快，刈割后恢复能力强，牧草产量高、品质好。

1 品种介绍

乐金德是豆科苜蓿属多年生草本植物，直根系，主根发达，根部共生根瘤菌，常结有较多的根瘤，由根颈处生长新芽和分枝。株高70～150cm，茎直立、光滑、粗2～4mm。花的颜色有94%紫色，3%杂色，2%白色，1%黄色和乳白色。该品种具有高的多叶性状表达，多叶率高，适口性好，消化率高，具有较高的相对饲喂价值。乐金德在萌发种子中表现出一定的耐盐能力，可在有轻度盐碱的地区种植。

种子在5～6℃的温度下就能发芽，最适发芽温度为25～30℃。适应性广，喜欢温暖、半湿润的气候条件，对土壤要求不严，除太黏重的土壤、极瘠薄的沙土及过酸或过碱的土壤外都能生长，最适宜在土层深厚疏松且富含钙的壤土中生长。不宜种植在强酸、强碱土中，喜欢中性或偏碱性的土壤，以pH 7～8为宜，土壤pH为6以下时根瘤不能形成，pH为5以下时会因缺钙不能生长。

2 适宜区域

乐金德秋眠级3级，抗寒指数为1，具有较强的抗寒能力和再生能力，适宜在我国西北、华北、东北及内蒙古东部地区进行推广种植，每年可刈割3～4次，干草产量为15 000～18 000kg/hm^2。

3 栽培技术

3.1 选地

适应性较强，对土壤要求不严格，农田、沙地和荒坡地均可栽培；大面积种植时应选择较开阔平整或稍有起伏的地块，以便机械或人工作业。进行种子生产要选择光照充足、降水量少、利于花粉传播的地块。

3.2 土地整理

种子细小，需要深耕精细整地，播种前需要清除地面残茬，对土地进行深翻，翻耕深度不低于20cm，如果是初次种植的地块，翻耕深度应不低于30cm。翻耕后对土壤进行耙耱，使地块尽量平整。播前进行镇压，将土壤镇压紧实，以利于后期的出苗。在地下水位高或者降水量多的地区要注意做好排水系统，防止后期发生积水烂根。

3.3 播种技术

3.3.1 播种期

播种期可根据当地气候条件和前作收获期而定，因地制宜。乐金德秋眠级3级，抗寒能力强，适宜在北方或高海拔地区种植，可春播或秋播，春播多在春季墒情较好、风沙危害不大的地区进行，内蒙古地区也有早春顶凌播种。西北、东北和内蒙古一般是4月和7月播种，最迟不晚于8月，否则影响越冬。风沙大的春播区可以采用保护播种的方式，先播种燕麦，燕麦出苗前播种苜蓿，建植易成功。一般建议秋播，杂草少。

3.3.2 播种

播种方式主要有条播、撒播和覆膜穴播，一般为条播，便于田间管理。可单播也可混播，单播时行距建议为12～20cm，播量为15.0～22.5kg/hm^2，也可和其他豆科及禾本科牧草进行混播。紫花苜蓿生长快，分枝较多，枝叶茂盛，刈割次数多，产量高。和其他禾本科牧草进行混合播种时，可根据利用目的和利用年限进行配比，一般建议禾本科和豆科牧草比例为1∶3。

乐金德紫花苜蓿种子细小，顶土能力差，播种过深时影响出苗。播种深度根据土壤类型而有所调整，中等和黏质土壤中的播种深度为0.6～1.2cm，沙质土壤的播种深度为1.2～2.0cm。土壤水分状况好时可减少播种深度，土壤干旱时应加大播种深度，一般建议播深为1～2cm，播后及时镇压以利出苗。

3.3.3 杂草防除

控制和消灭杂草是田间管理的关键，苜蓿苗期生长缓慢，需除草2～3次，以免受杂草的危害，但对有些地区，其后年份的杂草防除也不能忽视，越冬前应结合除草进行培土以利于越冬。早春返青及每次刈割后，应适当追肥促进生长。

3.4 水肥管理

虽然乐金德的抗旱性比较强，但其对水分的要求比较严格，水分充足时能促进其生长和发育。在年降水量600mm以下地区，灌溉可以明显增产，在潮湿地区，当旱季来临、降水量少时灌溉能保持高产。在半干旱地区，降水量不能满足高产的需要，需酌情补水才能获得高产。在生长季较长的地区，每次刈割后进行灌溉，可获得较大的增产效果，但长期的田间积水会导致植株死亡。

增施肥料和合理施肥是苜蓿高产、稳产、优质的关键，多次刈割苜蓿会不断消耗土壤矿物元素，甚至也会在肥沃的土壤上造成一种或多种元素的缺乏。紫花苜蓿种植时建议先测量土壤养分，根据土壤养分状况确定合理的肥料比例和用量，一般建议施用450kg/hm^{2}复合肥作底肥，每次刈割后都应追施少量过磷酸钙或磷酸二铵10～20kg/hm^2，以促进再生。越冬前施入少量的钾肥和硫肥，以提高越冬率。

3.5 病虫杂草防控

常见病害主要有褐斑病和根腐病，在干燥的灌溉区发病严重，发病初期可通过喷施15%粉锈宁1 000倍液或65%代森锰锌400～600倍液进行预防。病害的发生受多种因素的影响，种植过程中需制定合理的栽培措施，做到及时预防才能有效减少病害的发生与危害，实现生产的高产、优质和高效。

虫害主要有蓟马、叶象、蚜虫、芫菁等，可提前收割，将卵、幼虫随收割的苜蓿一起带走，也可以通过喷洒药剂进行化学防治，要注意施药时间和收割时间的间隔，避免药效残留对家畜造成危害。

杂草在苜蓿建植阶段通过与苜蓿幼苗竞争并挤压幼苗，造成苜蓿减产。有效的杂草防除工作应从播种前开始并始终贯穿草地的整个生产过程。彻底耕翻作业可以将一年生杂草连根清除并控制已生长的多年生杂草。控制多年生杂草的除草剂应在春季或者秋季施用。

4 生产利用

乐金德主要用于干草生产和青贮利用。在西北、东北和华北等省区有灌溉条件或降水量较多时每年可刈割3～4次；在内蒙古、新疆、甘肃等无灌溉条件的地区，每年可刈割2～3次，增加刈割次数容易使苜蓿的叶茎比降低。一般建议在现蕾–初花期刈割比较合适，或者植株高度达到70cm时开始刈割，否则牧草品质开始下降。留茬高度影响产草量和植株存活情况，一般留茬高度为5～6cm，秋季最后一次刈割应该留茬10～15cm，促进营养物质特别是糖类在根系中的积累与储存，促进基部和根上越冬芽的成熟。一般建议在初霜期来临前30d停止刈割，如果这个时候刈割就会降低根和根颈中碳水化合物的贮藏量，因而不利于越冬和翌年春季生长。

在单播紫花苜蓿地上放牧家畜或用刚刈割后的鲜苜蓿饲喂家畜时，家畜容易得臌胀病，不要让空腹的家畜直接进入嫩绿的苜蓿地或放牧前饲喂一些干草和青贮料或刈割晾晒后再进行放牧。

乐金德紫花苜蓿主要营养成分表（以风干物计）

生育期	CP (%)	NDF (%)	ADF (%)	Ash (%)	Ca (%)	P (%)	RFV
初花期[a]	22.27	25.65	31.97	7.58	1.62	0.37	201
初花期[b]	20.7	37.3	48.3	1.45	0.29	—	115

注：a为蓝德雷双城实验室测定结果；b为农业农村部全国草业产品质量监督检验测试中心提供。

翠博雷（Triple play）紫花苜蓿

翠博雷紫花苜蓿（*Medicago sativa* L.‘Triple play’）是从美国FGI公司引进的高秋眠级紫花苜蓿品种（秋眠级10级）。由贵州省草业研究所于2020年12月3日登记，登记号590。区试结果表明，翠博雷紫花苜蓿种子净度、发芽率高，牧草生产性能好，叶含量丰富，鲜干草产量高，越夏表现好，极具推广价值。

1 品种介绍

豆科苜蓿属多年生草本植物，根系发达，主根粗大，入土深度可达3～6m，侧根主要分布在20～30cm土层，根上着生有根瘤，且以侧根居多。茎直立，株高100～150cm，叶量丰富，常见5～7片羽状复叶。总状花序，腋生，蝶形花冠，紫色。

秋眠级10级，越夏能力强，多叶品种，叶茎比高；牧草生产性能好，草产量高，可用于优质牧草产品的加工生产。

2 适宜区域

适宜在我国贵州、云南、四川、重庆等西南地区种植。

3 栽培技术

3.1 播种时间

春播：春季土地解冻后，与春播作物同时播种，春播苜蓿当年发育好产量高，种子田宜春播。

秋播：不能迟于8月中旬，否则会降低幼苗越冬率。

3.2 坪床准备

对土壤具有较强的适应性，对土壤要求不严格，但最好是选择土层较深厚、排水良好的中性或微碱性沙壤土或黏壤土。整地是种植苜蓿的一个关键环节，紫花苜蓿种子细小，幼芽细弱，顶土力差，整地必须精细，要求地面平整，土块细碎，无杂草，墒情好。整地不细易造成缺苗、断条和草荒。

紫花苜蓿根系发达，入土深，对播种地要深翻，才能使根部充分发育。用作播种紫花苜蓿的土地，要于上一年前作收获后，即进行浅耕灭茬，再深翻；冬春季节做好耙耱、镇压蓄水保墒工作。

3.3 播种

3.3.1 种子

种子为丸粒化包衣种子，包衣剂中含有高浓度根瘤菌、微量矿物元素、杀菌剂、杀虫剂，对种子播后出苗率、建植率都有很好的保障。

3.3.2 播种方法

常用播种方法有条播、撒播和穴播三种；播种方式有单播、混播和保护播种（覆盖播种）三种。可根据具体情况选用。种子田要单播、穴播或宽行条播，行距50cm，穴距50～70cm，每穴留苗1～2株。收草地可条播也可撒播，可单播也可混播或保护播种，条播行距15～20cm。撒播时要先浅耕后撒种，再耙耱。混播的可撒播也可条播，可同行条播，也可间行条播。保护播种的，要先条播或撒播保护作物，后撒播苜蓿种子，再耙耱。灌区和水肥条件好的地区可采用保护播种，保护作物有麦类、油菜或割制青干草的燕麦、高粱、饲用谷子等，但需尽早收获保护作物。在干旱地区最好实行春季单播，若要提高牧草营养价值、适口性和越冬率，可采用混播。适宜混播的牧草有鸭茅、猫尾草、多年生黑麦草、鹅观草、无芒雀麦等。混播比例，以苜蓿占40%～50%为宜。

3.3.3 播种量

种子田播种量为3.75～7.5kg/hm^2，用牧草生产田播种量为15～30kg/hm^2。干旱地、山坡地或高寒地区，播种量提高20%～50%。

3.3.4 播种深度

视土壤墒情和质地而定，土干宜深、土湿则浅，轻壤土宜深、重黏土则浅，一般1～2.5cm。

3.4 田间管理

3.4.1 播种

出苗前，如遇雨土壤板结，要及时除板结层，以利出苗。

3.4.2 除草

当年播种的苜蓿，因苗期生长缓慢，易受杂草侵害，所以要及时进行中耕除草1～2次，防治杂草。

3.4.3 施肥

水浇地要灌足冬水。播种前，每亩施有机肥22 500～37 500kg/hm^2、过磷酸钙300～450kg/hm^{2}作底肥。对土壤肥力低下的地块，播种时再施入硝酸铵等速效氮肥，促进幼苗生长。每次刈割后要进行追肥，需过磷酸钙150～300kg/hm^{2}或磷酸二铵60～90kg/hm^2。紫花苜蓿每公顷每年吸收的养分成分分析，氮为200kg、磷为65kg、钾为250kg。氮和磷比小麦多1～2倍，钾多3倍。在瘠薄地上种植苜蓿时，需施用厩肥和磷肥，提高草产量。厩肥和磷肥最好结合整地施入；若能分期施，则在每次割草后施入，对促进再生、增加产草量效果更大。

3.4.4 授粉

种子田在开花期要借助人工授粉或利用蜜蜂授粉，以提高结实率。

3.4.5 越冬

越冬前的管理及越冬防护措施：入冬前培土保墒，使植株根颈处在湿土层内，是越冬防护的主要措施。具体办法是春铲、夏耥、秋末培土。地势低洼、春季积水的地方，要注意排水。

3.5 病虫害防治

3.5.1 虫害类型及防治

经常发生的虫害主要是蚜虫、潜叶蝇、盲椿象。蚜虫可用40%乐果乳剂加水1 000倍液喷洒防治，潜叶蝇可用40%乐果乳剂加水3 000～5 000倍液喷洒防治，盲椿象用敌敌畏加水1 000～2 000倍液喷洒防治。

3.5.2 病害类型及防治

病害有锈病、褐斑病、白粉病。锈病使用波尔多液、萎锈灵或敌锈钠进行化学保护，褐斑病喷洒波尔多液或石硫合剂防治，白粉病可用石硫合剂、多菌灵等药物防治。寄生病菟丝子可用盘长孢菌（鲁保一号）药剂防治。

3.6 刈割收获

3.6.1 收草地收获

一般在开花初期，即开花率达10%～30%时收割为宜，此时产量高、草质好。收割太早产量低，过迟茎秆木质化和落叶降低品质。播种当年，在生长季结束前，刈割利用一次；植株高度达不到利用程度时，要留苗过冬，冬季严禁放牧。2年以上的苜蓿地，每年春季萌生前，清理田间留茬，并进行耕地保墒；秋季最后一次刈割和收种后，要松土追肥。每次刈割后也要耙地追肥，灌区结合灌水追肥，入冬时要灌足冬水。紫花苜蓿刈割留茬高度3～5cm，但干旱和寒冷地区秋季最后一次刈割留茬高度应为7～8cm，以保持根部养分和利于冬季积雪，对越冬和春季萌生有良好的作用。秋季最后一次刈割应在生长季结束前30d结束，过迟不利于植株根部和根茎部营养物质积累。

3.6.2 种子田收获

种子的收获时间，应当根据种子的成熟情况，即产量和品质及收获时所用的农机具来确定。一般认为，待90%～95%的荚果变成褐色时，可用大型收割机。而用小型的农机具来收割，可待荚果有70%～80%变成褐色即可收获种子。刈割后，应马上捆成小捆，进行干燥。收割时应在无雾、无露水的晴朗天气里进行，机械行速不能太快。收获的种子在入库之前，一定要注意检查种子的湿度。种子湿度超过13%要进行干燥处理，同时，要进行清选、分级，除去杂质种子。在贮藏期间，还必须进行经常检查，定点定时，防止种子堆积升温。还要注意虫、鼠害的发生和预防工作。

4 生产利用

翠博雷紫花苜蓿是优质的豆科牧草，在初花期采集样品进行品质测定，粗蛋白含量最高（23.6%），有较高的粗脂肪和钙、磷含量（分别为3.2%、1.51%和0.22%），粗灰分、酸性洗涤纤维和中性洗涤纤维含量分别为7.95%、29.5%和38.1%。根据豆科牧草干草质量分级标准（NY/T 1574—2007），粗蛋白含量>19%、酸性洗涤纤维<31%、中性洗涤纤维<40%的豆科牧草干草定为特级。因此，翠博雷紫花苜蓿营养指标达到了

特级标准，可作割草地利用，也可青饲、青贮或用于优质牧草草产品的加工生产。

翠博雷紫花苜蓿群体

翠博雷紫花苜蓿叶片

翠博雷紫花苜蓿花

翠博雷紫花苜蓿种子

WL656HQ紫花苜蓿

WL656HQ（*Medicago Sativa* L.‘WL656HQ’）是2009年从美国引进，经引种试验、区域试验和生产试验后审定登记的新品种。由云南农业大学、北京正道农业股份有限公司和贵州省草地技术试验推广站2020年12月3日登记，登记号591。多年多点比较试验证明，WL656HQ的干草产量、丰产性和稳定性显著高于对照WL525HQ和维多利亚。该品种在气候和管理适宜条件下，每年可刈割7～8次，干草产量可达18 000～22 000kg/hm^2。

1 品种介绍

豆科苜蓿属多年生草本植物，轴根型，扎根较深，单株分枝多，茎细而密，株高1m左右，株型半直立。叶片小而厚，叶色浓绿，羽状复叶、互生。蝶形花，花深紫色，花序紧凑，各花在主茎或分枝上集生为总状花序。荚果暗褐色，螺旋形，2～3圈。种子肾形，黄色，千粒重1.8g左右。

喜温暖湿润气候，适应中性到酸性土壤（pH 5.5～7），磷肥可明显增产。适合海拔400m以上或更高、降水量400～1 000mm的南方温和湿润气候区。降水量超过1 200mm的地区需具有良好的排水设施，否则生长不良。

2 适宜区域

适宜我国长江流域、云贵高原、西南地区，海拔400m

以上或更高、降水量400～1 000mm的南方温和湿润气候区种植。

3 栽培技术

3.1 整地

播前精细整地除杂，初次种植可接种根瘤菌，注意排水。种子较小，播前需精细整地并镇压，需施入底肥。

3.2 播种

南方秋播最佳；撒播或条播，行距30～40cm，播量22.5～30kg/hm^2，播种深度1～2cm。

3.3 田间管理

播种前灭除杂草，播后需镇压；在生长初期，植株生长缓慢，需注意防控杂草。刈割后进行灌溉和施肥，可保证稳产和高产。

3.4 刈割

在初花期割草利用，夏季雨水较多时高度50～60cm可刈割，割草留茬3～5cm。

4 生产利用

WL656HQ紫花苜蓿是植株高大、分枝较多、叶片较大、叶量丰富、茎秆柔软、饲草品质好、耐刈割、再生性强、产草量高及产量季节分布平衡的豆科牧草。该品种初花期的叶茎比为1.08。据农业农村部全国草业产品质量监督检验测试中心检测，初花期（以干物质计）粗蛋白含量20.9%、粗脂肪含量14.4g/kg、粗纤维含量26.4%、中性洗涤纤维含量35.5%、酸性洗涤纤维含量29.9%、粗灰分10.8%、钙含量2.71%、磷含量0.20%。

可单播种植，亦可在经济林下种植；可调制优质干草也可用于青贮。每年可刈割5～8次，干草产量可达18 000～22 000kg/hm^2。

WL656HQ紫花苜蓿主要营养成分表（以风干物计）

生育期	CP (%)	EE (g/kg)	CF (%)	NDF (%)	ADF (%)	Ash (%)	Ca (%)	P (%)
初花期[a]	20.9	14.4	26.4	35.5	29.9	10.8	2.71	0.20
初花期[b]	22.9	12.3	—	31.2	34.8	9.6	2.68	0.23

注：a表示农业农村部全国草业产品质量监督检验测试中心测定结果；b表示云南省动物营养与饲料科学重点实验室测定结果。

WL656HQ群体

WL656HQ叶

WL656HQ花

WL656HQ种子

彩云多变小冠花

彩云多变小冠花（*Coronilla varia* L.‘Caiyun’）是以绿宝石小冠花为原始材料，选择株型直立紧凑、生长速度快、株丛高大的单株，扦插隔离繁殖而成的育成品种。由甘肃创绿草业科技有限公司和甘肃农业大学共同育成，于2012年6月完成审定登记，登记号451。经多次单株选择形成的新品种，种子产量仅为原始亲本的70%～80%。但绿色体产量高，干草产量超过原始群体15%以上，是一个既具有水土保持功能，又能生产高额饲草的新品种。

1 品种介绍

豆科小冠花属多年生草本植物，根系发达，主侧根上有大量根瘤，形似鸡冠状。一年生植株主根深1m以上，根幅1.5～2.0m，根颈粗1.5～2.0cm；两年以上的植株主根深4.5m以上，根颈粗2.5cm。侧根长2.5～3m，多分布在10～20cm土层中，横向走串，根蘖繁殖能力强。半匍匐散生，茎中空有棱，质软柔嫩，长90～150cm，草丛高50～110cm。叶为奇数羽状复叶，互生，有小叶11～27片。小叶长圆形或倒卵圆形，尖端钝圆微凹。长1.3～1.9cm，宽0.6～0.9cm。无柄或近无柄，总叶柄长15～25cm。伞形花序，腋生，有小花8～22朵，呈环状紧密排列于花梗顶端，形似皇冠。蝶形花初呈粉红色，后呈淡紫色，花色多变，花期较长。荚果细长似指状，长4～6cm，粗3mm，分为3～11节，易断，每节一粒种子，棒状，黄褐色或红褐色，种皮坚硬，蜡质层厚，多硬实，千粒重3.7～4.1g。

小冠花适应性广，抗逆性强。既耐旱、耐寒、耐瘠薄，又耐高温，是十分理想的水土保持植物。耐涝性差，在地下水位高、易积水、土壤黏重或连阴雨，且排水不畅时易引起死苗。对土壤要求不严，最适宜在中性至微碱性土壤生长，不适宜酸性土壤。苗期耐盐碱性较差，但覆盖地面后，能减少地面水分蒸发，抑制盐分上升，在含盐量0.3%～0.45%的土壤上仍能正常生长，在瘠薄地、山坡荒地也能生长繁茂。

小冠花最适宜地区为我国黄土高原地区，次适宜地区为西北内陆地区及北方风沙沿线地区。

2 栽培技术

2.1 整地

小冠花种子细小，需要深耕精细整地，做到土地平整、表层土壤绵细，以利出苗。通过耕地清除杂草，若前茬地杂草较多时，宜在耕地后地表喷施氟乐灵将地面耙耱，使药液与表土混合，可抑制杂草发芽。苗期杂草可根据杂草类型选用除草剂。禾本科杂草可选用禾草克、盖草能、敌稗、燕麦畏等。一年生阔叶杂草可选择咪唑乙烟酸、2,4-滴盐酸钠（豆亮）等。整地翻耕前多施农家肥、有机肥作基肥，施750～1 500kg/hm^{2}过磷酸钙。

2.2 播种

2.2.1 种子处理

小冠花硬实种子多，播种前应进行硬实处理，在碾米机中打磨至种皮发毛即可。

2.2.2 播种期

我国北方地区每年3月至8月上旬均可播种，根据海拔高度、气温高低可适当提前或推后。春季雨水多的地区及冬灌地可春播。播种应避开夏季干旱高温季节，大部分地区适宜夏末秋初播种。

2.3 播种量和播种方式

小冠花收草利用，播种量为30～45kg/hm^2。在需要尽早形成草层时，播种量可增至45～75kg/hm^2。也可育苗移栽，选择水肥条件好的地块，集中育苗，待幼苗长至15～20cm、根长10cm左右时即可移栽，按行距1m、株距50cm栽种，栽后灌水。缓苗后施肥。到第二年返青后即可建成盖度100%的草地。

干旱地区覆盖地膜播种，增温保墒有利于出苗。收草田用多行滚筒播种机穴播，每膜播3行即可。不覆膜播种时一般采用条播，行距30～40cm，播种深度2cm左右。播后镇压。

3 田间管理

小冠花幼苗生长缓慢，苗期除注重防除杂草外，在水肥条件上尽量满足生长需要，以促进幼苗生长。收草田每茬草施肥灌水各1次。收种田在孕蕾至开花期漫灌一次即可。采用喷灌或滴灌的地块，一般每8～10d灌一次。灌水时间长短和间距要依草地生长状况、天气状况和土壤质地等灵活掌握。

收草田施肥以氮磷钾复合肥为好，收种田以磷钾肥配施微肥为好，施用量一般为150～300kg/hm^2。

小冠花属于长寿型牧草，草地建植后可多年利用。在生长5～6年后，大田草层厚密，土质坚硬紧实，草层容易衰败，可用犁翻耕，更新后的草层可恢复生机。小冠花尚未发现明显的病虫害。

4 生产利用

可青饲和调制干草，还可加工成草粉，作混合饲料成分。其青草和干草的营养价值及消化率都与紫花苜蓿相当。其初花期营养成分为粗蛋白20%、粗灰分8.9%、粗脂肪3.1%、粗纤维24.2%、中性洗涤纤维37%、酸性洗涤纤维27.4%、钙1.56%、磷0.28%。

尽管小冠花含有β-硝基丙酸，有微毒，但反刍动物瘤胃微生物可将其降解，一般不会发生中毒现象。

闽育2号圆叶决明

闽育2号圆叶决明［*Chamaecrista rotundifolia*（Pers.）Greene‘Minyu No.2’］是以引进品种闽引圆叶决明为原始材料，采用辐射诱变育种的方法，经过混合收种、单株选择、株系鉴定等手段选育而成。由福建省农业科学院农业生态研究所于2012年6月29日登记，登记号452。该品种具有显著丰产性。多年多点比较试验证明，闽育2号圆叶决明较对照品种闽引圆叶决明和威恩圆叶决明平均增产35%以上，平均干草产量为12 000kg/hm^2。

1 品种介绍

豆科决明属多年生植物，茎半直立，半木质化，圆形，具白色绒毛，株高100cm左右。叶互生，由两片小叶组成，叶片光滑、不对称，尖凹状叶尖，羽状脉序，主脉偏斜，倒卵圆形，长约30mm，宽约20mm；叶柄短，7mm左右，有白色绒毛；托叶披针形，长约10mm，具纤毛。花腋生，1～2朵，花梗细长，长于叶片；假蝶形花冠，花瓣黄色、无毛、覆瓦状排列；花萼披针形；雄蕊5枚，花丝极短，花药个字形着生；单雌蕊，子房上位。荚果为扁长条形，长约30mm，宽约5mm；果荚易裂，成熟时为黑褐色。种子黄褐色，呈不规则扁平四方形，种子千粒重4.8～5.2g。

种子耐受最低发芽温度为5℃，适宜发芽温度15～20℃。成年植株喜温暖湿润气候，在夏季不太热、冬季又不太寒冷的地区最适宜生长。最适生长环境温度15～25℃，幼苗和成株能耐受−5℃的霜冻。不耐热，气温超过35℃时生长受阻，持续高温且昼夜温差小的条件下，往往会造成大面积死亡。在长江流域，海拔800～1 600m的山区生长良好；海拔800m以下的丘陵平原地区越夏困难，部分植株死亡。

性喜高温，具有明显的耐瘠、耐旱、耐酸、抗铝毒、抗热、无病虫害、固氮能力强等特点，适宜福建、广东等热带、亚热带红壤区种植。用于改良土壤、保持水土。冬季初霜后地上部逐渐死亡、干枯。越夏率100%，越冬率较低而表现出一年生性状，翌年主要靠落地种子萌发再生。落地种子翌年自然萌发再生能力强。

在福建以南地区适宜4—5月播种，6—7月生长最旺，8—11月为生长高峰，11月下旬叶片开始转黄，晚熟品种。9—10月开始初花，花期可延续至初霜；种子采收期10—11月，种子产量高，为300kg/hm^{2}左右。生育期230～240d。

2 适宜区域

适宜生长的年平均温度范围为10～25℃。在年降水量为800～1 300mm、无霜期200～240d的地区生长最为良好。适宜在福建、广东、江西、云南等热带、亚热带红壤地区，特别是中亚热带地区栽植推广。

3 栽培技术

3.1 选地

该品种适应性较强，对生产地要求不严，农田和荒坡地均可栽培；大面积种植时应选不会淹水的旱地地块。进行种子生产的用地要选择光照充足、地力均匀的地块。

3.2 土地整理

种子细小，需要深耕精细整地。播种前清除生产地残茬、杂草、杂物，耕翻、平整土地；杂草较多时可在播种前采用灭生性除草剂处理后再翻耕。

3.3 播种技术

3.3.1 种子处理

在初次种植圆叶决明的地块，施钙镁磷肥75～150kg/hm^{2}拌种作基肥，新开红壤地还应适当追施氮、钾肥。

3.3.2 播种期

在南方热带、亚热带地区，适宜播种期4～6月，最佳播期为5月上旬，除气温因素以外，土壤有积水时也不能播种。

3.3.3 播种量

播种量根据播种方式和利用目的而定。一般以刈割为利用目的，播种量为7.5～11.25kg/hm^2，穴播以20～30cm株行距为佳，每穴4～5粒种子，撒播应适当加大播种量，播种深度1～2cm。

3.3.4 播种方式

可采用条播、穴播或撒播，生产中以撒播为主。条播时，以割草为主要利用方式时，行距为20～30cm，以收种子为目的时，行距为60～80cm；覆土厚度以1～2cm为宜。人工撒播时可用小型手摇播种机播种，也可直接用手撒播。撒播后可轻耙地面或进行镇压以代替覆土措施，使种子与土壤紧密接触。

3.4 水肥管理

苗期建植较慢，可根据苗情及时追施苗肥，使用钙磷镁肥，施用量为75～150kg/hm^2，可撒施、条施或叶面喷施，施后浇水。以割草为目的的圆叶决明草地，每次刈割后追施肥料，以氮、磷肥为主，施用量为150～300kg/hm^2，可以撒施、条施。越冬的老草地，在冬季初霜前及春季萌发后适施磷、钾肥，可提高其抗寒能力并促进生长。

在南方夏季炎热季节，有时会出现阶段性干旱，在早晨或傍晚进行灌溉，有利于再生草生长和提高植株越夏率。同样，在多雨季节，要及时排水，防治涝害发生。

3.5 病虫杂草防控

种植期间无病虫害发生，不用专门采取防治措施。

出苗后要及时清除杂草，苗期生长缓慢，中耕除草1～2次。若是套种在茶园或果园，采用人工除草，严禁采用除草剂。

4 生产利用

该品种是优质的豆科牧草，在现蕾、开花期以前，叶含量较高，初花期茎叶比1.42。据农业农村部全国草业产品质量监督检验测试中心检测，初花期（以干物质计）粗蛋白含量为14.8%、粗脂肪含量为13.0g/kg、粗纤维含量为37.7%、中性洗涤纤维含量为55.6%、酸性洗涤纤维含量为40.6%、粗灰分含量为5.4%、钙含量为1.0%、磷含量为0.29%。

适宜作割草地利用，第一茬刈割在现蕾或初花期进行，可获得最佳营养价值，留茬高10cm，每年可刈割1～2次。结荚后茎易老化，可刈割翻压作绿肥或作覆盖物。荚果成熟后易裂开，故要掌握好采种时间。

闽育2号圆叶决明主要营养成分表（以风干物计）

生育期	CP (%)	EE (g/kg)	CF (%)	NDF (%)	ADF (%)	Ash (%)	Ca (%)	P (%)
初花期	11.4	15.9	44.5	61.9	50.2	4.0	0.07	0.11
初花期	14.8	13.0	37.7	55.6	40.6	5.4	1.00	0.29
初花期	13.5	9.4	31.9	35.9	35.2	4.8	0.83	0.21

注：数据为农业农村部全国草业产品质量监督检验测试中心连续3年测定结果。

闽育2号圆叶决明根

闽育2号圆叶决明花

闽育2号圆叶决明叶

闽育2号圆叶决明果实

闽育2号圆叶决明单株

公农6号杂花苜蓿

公农6号杂花苜蓿（*Medicago varia* Martin. ‘Gongnong No.6’）是以引进的国外根蘖型苜蓿及公农1号苜蓿为原始材料，通过试种观察、单株选择、多元杂交选育而成的综合品种。由吉林省农业科学院草地与生态研究所2020年12月3日登记，登记号596。

1 品种介绍

豆科苜蓿属多年生草本植物，株型半直立，具根蘖特性，根蘖率可达30%左右，株高70～120cm，平均枝条直径为0.35cm；总状花序，蝶形花冠，花色以紫色为主，伴有少量的黄、白杂色花；荚果螺旋形，种子肾形、浅黄色，千粒重2.1g。

在东北地区生育期110d左右；抗寒、抗旱、高产；干草产量7 000～8 000kg/hm^2。吉林省中西部地区，播种第2年后，每年4月上旬返青、6月中旬开花、7月中下旬种子成熟。

2 适宜区域

适宜种植的气候条件为年平均气温≥5℃，极端气温不低于−30℃，有积雪地区极端气温不低于−40℃。年降水量400mm以上的地区可实施旱作。我国东北三省及内蒙古东部地区是其适宜种植地区。

3 栽培技术

3.1 选地

选择土层深厚、疏松，保水保肥性强，通透性好，土质肥沃的壤土。土壤含盐量不超过0.3%，黏土、重盐碱土、酸性土、低洼易积水地、pH ≤ 6.0或pH ≥ 8.2不适于种植。前茬作物应为禾谷类作物和无病虫害的地块。

3.2 土地整理

公农6号杂花苜蓿种子细小，整地应深耕细耙，机翻深度15～30cm，使地面细碎平整，并彻底清除杂草和作物残茬，形成上虚下实的耕层结构。结合耕翻整地将磷、钾肥或有机肥作为基肥施入，施肥后土壤有效磷含量应达到10～15mg/kg、速效钾含量应达到100～150mg/kg为宜。

3.3 播种技术

播种时期分为春播、夏播，春播宜在3月下旬至5月下旬进行，夏播则可在6～7月进行。吉林地区以夏播为宜，播种时间最迟不能晚于7月下旬。播种方式可条播也可撒播，条播便于田间管理，撒播则能使种子均匀分布于地面，充分利用养分、水分和光照。条播行距为10～30cm，播量可为15～18kg/hm^2，撒播播种量则应在条播播种量基础上增加10%。播种深度1～2cm，播后覆土和镇压。

3.4 水肥管理

除了整地期间施入的基肥以外，在不同生育期还应根据0～30cm土层养分状况进行追肥，分枝期以施磷肥为主，秋季应追施钾肥。苗期0～15cm土层含水量低于田间持水量50%时，需进行灌溉，灌溉量为700～900m^3/hm^2。

3.5 杂草防控

播种前可选用灭生性残留期短的除草剂进行杂草防除，出苗后要及时进行中耕除草或化学除草：苜蓿植株高度达10cm时，利用中耕机或人工，沿条播方向浅耕消灭行间杂草。杂草在5～8cm时是喷施除草剂的最佳时期；如杂草高度达15cm以上，可刈割杂草再针对幼小杂草喷施除草剂。普施特或苜草净均是高效的苗后除草剂，可选择晴朗、无风、高温天气喷施，应注意喷洒除草剂后的苜蓿要严格遵守该除草剂的禁用期，解禁后方可利用。

3.6 病虫害防治

主要病害有褐斑病、霜霉病。褐斑病：叶片具褐色，圆形病斑，病斑大小为0.5～4mm。发病后期病斑上有黑褐色的星状增厚物，可喷洒甲基硫菌灵、代森锰锌等杀菌剂防治。霜霉病：叶面出现褪绿斑，叶背有灰色或淡紫色的霉层，叶片多向下卷曲，茎秆扭曲，节间缩短，全株褪绿，可喷洒三唑酮、百菌清等杀菌剂防治。虫害以蚜虫、蓟马较为多见，蚜虫可用吡虫啉3%乳油叶面喷雾；蓟马采用4.5%高效氯氟氰菊酯乳油叶面喷雾。

4 生产利用

当年播种的公农6号杂花苜蓿，在生长季结束前可刈割利用一次，如果植株高度达不到利用程度，应不刈割留苗过冬。2龄以上的公农6号杂花苜蓿每年可刈割2～3次，前两茬草的产量约占全年总产量的70%，且品质优良、商品性好。第二茬草生长正值雨季，为防止霉烂应选择晴朗天气适时收割。如雨天较多，可在苜蓿开花期前后提前或错后刈割。秋季最后一次刈割留茬高度应为7～8cm，以保持根部养分和固持冬季积雪，有利于植株越冬和返青。最后一次刈割应在生长季结束前20～30d结束。

公农6号杂花苜蓿主要营养成分表

生育期	CP (%)	NDF (%)	ADF (%)	EE (g/kg)	CF (%)	Ash (%)	Ca (%)	P (%)
初花期	18.3	49.1	40.5	12.6	35.9	8.5	1.41	0.27

注：数据为吉林省农业科学院草地与生态研究所测定结果。

公农6号杂花苜蓿单株

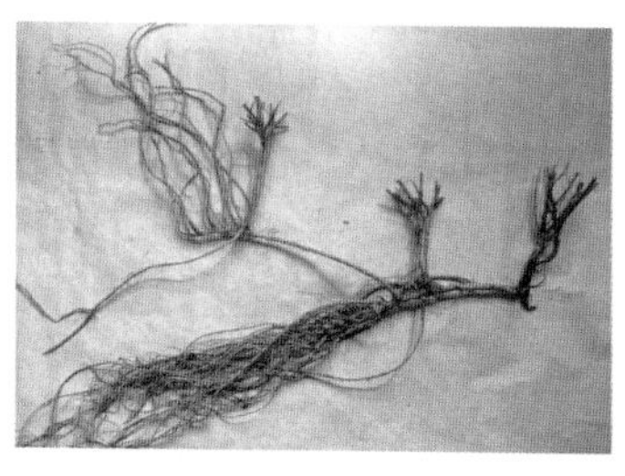

公农6号杂花苜蓿根蘖

公农6号杂花苜蓿花

公农6号杂花苜蓿种子

闽南饲用（印度）豇豆

闽南饲用（印度）豇豆［*Vigna unguiculata.*（L）Walp. 'Minnan'］是由印度豇豆提纯复壮而成的地方品种。福建省农业科学院农业生态研究所于2012年6月登记，登记号453。该品种具有显著丰产性，经多年多点比较试验表明，干草产量为12 814～16 108kg/hm^2，鲜草产量平均为51 225kg/hm^2，种子产量平均为1 190kg/hm^2。

1 品种介绍

一年生豆科豇豆属草本植物，主根系，具根瘤，根深0～40cm；匍匐茎，三棱形，绿色，蔓茎长1.5～2.8m，草层高30～60cm，有分枝5～6个；三出复叶，菱卵形，无毛，顶叶略大于边叶，叶片光滑油亮，长3～18cm，托叶长椭圆状披针形；花淡紫色或白色，花序腋生，每花梗有2～6朵花，花萼钟状，雄蕊二体（9＋1）；每花结荚1个，果荚下垂，圆筒形，长15～20cm，每荚8～12粒种子；种子短矩形，淡黄褐色，千粒重100～120g左右。

闽南饲用（印度）豇豆在我国热带、亚热带地区适宜3月下旬至6月上旬播种，8月底至9月初开花，10月初种子开始成熟，生育期160～200d。该品种对土壤要求不严，适宜pH为5～8，新垦红壤地稍施磷肥即可。

2 适宜区域

闽南饲用（印度）豇豆喜温暖湿润气候，适宜在我国热带、亚热带地区种植。在8.5℃开始萌动生长，最适生长温度为15～26℃。夏季生长迅速，耐旱、耐热，可适应福建省夏季高温干旱气候条件；不耐霜冻和水淹，0℃时微受冻害，在−4～−3℃下易冻死。

3 栽培技术

3.1 选地

该品种适应性较强，对土壤要求不严，农田和荒山荒坡地均可栽培；大面积种植时应选择较开阔平整的地块，以便机械作业。进行种子生产时，要选择阳光充足、利于花粉传播的地块。

3.2 整地播种

播种前先清除田间杂草，翻松土层，开排水沟，以免雨季积水。

播种期在3月下旬至6月上旬。播种方法一般采用穴播，穴距为40cm×40cm，或50cm×50cm，每穴2～3粒，覆土2～3cm，播种量为22.5～30kg/hm^2。留种栽培，穴距为50cm×60cm，或60cm×60cm，每穴2粒，播种量为15kg/hm^2。果园套种，根据栽培利用的目的和主作物植株的大小，调节播种距离和播种量。

3.3 施肥灌溉

新垦红壤地在播前可施氮肥45～75kg/hm^2、磷肥45kg/hm^2、钾肥45kg/hm^2，以保证产量。如作为饲草利用，可在割后追施氮肥45kg/hm^2，以利再生，保证后茬产量。留种植株，宜适当增施磷、钾肥。水分对闽南饲用（印度）豇豆生长十分重要，遇旱季时早晚适当灌溉，留种地在中后期注意浇灌，可显著提高种子产量。

3.4 病虫害防治

该品种易受蚜虫、豆荚螟和锈病危害。蚜虫每公顷可用70%吡虫啉水分散粒剂45～67.5g，兑水675kg喷雾防治。豆荚螟用25%天达灭幼脲1 500倍液，或50%杀螟松乳油1 000倍液均匀喷施。锈病发病初期及时施药防治，药剂选用75%甲基硫菌灵可湿性粉剂1 000倍液或20%粉锈灵乳油800～1 000倍液。种子易生虫，贮藏时应做好防虫工作。

4 生产利用

该品种是优质的豆科牧草，初花期（占干物质）含粗蛋白14.657%、粗脂肪1.36%、粗纤维22.751%、粗灰分11.65%、钙0.76%、磷0.2%。作为饲草利用，该品种可刈割2～3次，可在7月中旬（初花期）和9月上旬各刈割1次，或在草层高35～55cm时进行刈割，刈割时留茬15cm以上，以利新枝再生。刈后要及时施肥，以利其生长。以绿肥压青为目的，则可在秋末冬初结合果园扩穴改土压埋于沟穴内。在果园套种时应及时割青，以免蔓茎缠绕果树，滋生病菌。10月上、中旬可开始采收种子，因成熟期不一致，豆荚自裂，种子易脱落，应分批采收。

闽南饲用（印度）豇豆营养成分（以风干物计）

生育期	CP (%)	EE (%)	CF (%)	Ash (%)	NFE (%)	Ca (%)	P (%)
初花期	14.657	1.36	22.751	11.65	41.68	0.76	0.20

闽南饲用（印度）豇豆单株

闽南饲用（印度）豇豆群体

闽南饲用（印度）豇豆花

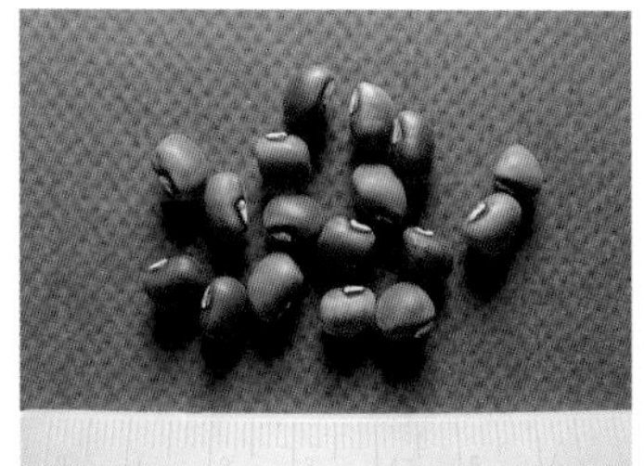

闽南饲用（印度）豇豆种子

牡丹江秣食豆

牡丹江秣食豆［*Glycine max*（L.）Merr. 'Mudanjiang'］是东北农业大学从1994年开始，以采集到的野生秣食豆为育种材料，采用单株混合选择法，经过连续10年选育而成的野生栽培品种。2013年5月15日通过全国草品种审定委员会审定，登记号454。该品种是豆科一年生半直立性高产优质饲料作物，单播时干草产量为10 883.55kg/hm^2，粗蛋白质含量大于18%；同时利用其半直立半缠绕的特性，与青贮玉米混播，可获得较高的地上生物产量和饲草品质。

1 品种介绍

豆科大豆属一年生植物，茎较强韧且细，株高2.0m左右，最高可达2.8m，株高小于80cm时直立，大于80cm后，茎秆缠绕。茎圆形，分枝多，叶互生，有细长柄，小叶三枚，叶片大。叶色有绿、灰绿、黄绿等色，两面都有茸毛。总状花序簇生在叶腋或枝腋间，每个花序有花15朵左右，多者达30余朵，花紫色、少数为白色。荚果长矩形，密被茸毛，内有种子2～3粒，无限结荚习性。种子椭圆形或长椭圆形，扁平，黑色。百粒重12～14g。

喜温作物，生育期110～130d，生长期间需要的积温为2 200～2 300℃。生长期间最适温度为18～22℃。幼苗抗寒性较强，能忍受−3～−1℃的低温，当真叶出现后，抗寒力减弱。开花期喜水耐涝。种子萌发期间需要自身重量

120%～130%的水分，较易萌发；幼苗期间地上部分生长缓慢，叶面积小，地下根系生长迅速；开花期需要较多水分，短期水淹也不会影响正常生长，干旱则会引起植株矮小、落花等现象。对土壤要求不严，喜肥沃疏松的黑钙土或壤土，耐土壤pH≤8.5，但不耐酸性土壤。短日照植物，在生长期内，当每天日照长度短于12h，即可促进开花；喜光同时又耐阴性强，因此可用于与青贮玉米等高秆作物混播。

产草量高，营养丰富，饲用价值高，干草粗蛋白质含量大于18%。干草调制时，即使遇雨，叶片也不易脱落。

2 适宜区域

东北北部及内蒙古东北部。

3 栽培管理技术

3.1 选地与播种期

牡丹江秣食豆喜水耐涝，不耐酸性土壤，因此宜选择地势平坦、土质疏松地块种植。为了避免因株高过高而引起植株倒伏，导致种子产量降低，一般种子田宜选择土壤肥力中等的壤土或沙壤土种植。东北地区单播时期通常在5月上、中旬，当地表5cm土层温度升到8～10℃时播种。

3.2 播种方法与播种量

采用行距30cm条播或行距70cm垄作两种播种方法。麦收后复种或用于青刈时，一般采用行距30cm条播。生产干草和生产种子时，一般采用行距70cm条播或垄作。收获籽实播种量45kg/hm^2，生产干草或青刈60～75kg/hm^2，播后覆土3～4cm。

3.3 施肥方法及施肥量

在播种时一次性施种肥（大豆专用复合肥）225kg/hm^2，在生长期无须追肥。

3.4 田间管理

在苗期利用大豆专用除草剂除杂草，对恶性杂草可人工或机械除草。在株高40cm左右时进行中耕培土。

3.5 其他栽培要点

当株高达80cm以上时，茎秆由直立逐渐变为缠绕，常会出现茎秆缠绕而倒伏，因此宜与高秆作物混播。

3.6 注意事项

忌连作。

4 收获利用

4.1 收获时期

牡丹江秣食豆为无限花序，叶片大而不易脱落。单播时最佳收获期为鼓粒期，可以获得最高的产草量和养分含量；与青贮玉米混播时，则选择在青贮玉米最佳收获期同期收获。

4.2 干草调制

收获后及时摊平晾晒，机械翻晒1～2次，当含水量达17%～18%时即可机械打捆、贮存。混播时，收割后直接与青贮玉米同期入窖青贮。

4.3 饲用品质

牡丹江秣食豆叶量丰富，干草粗蛋白含量18%以上，与紫花苜蓿营养成分相当或略高。在动物日粮中可直接使用，每头产奶母牛日饲喂量3～5kg。

牡丹江秣食豆群体

牡丹江秣食豆茎与荚

牡丹江秣食豆叶片

牡丹江秣食豆种子

松嫩秣食豆

松嫩秣食豆［*Glycine max*（L.）Merr. 'Songnen'］，是由黑龙江省畜牧研究所以松嫩平原西部地区种植多年的秣食豆地方种质资源整理而成的地方品种，于2013年5月15日通过国家草品种审定委员会登记，登记号455。该品种具有较强的适应性，抗旱、耐盐碱、耐阴，叶量丰富，饲用品质好（结荚期粗蛋白含量15.24%），在黑龙江省西部干旱区生育天数为130d左右，成熟期平均株高194.7m，经生产试验，旱作条件下干草产量达10 538.34kg/hm^2。该品种的选育和推广，对当地人工饲草饲料地建植、人工草地混播、粮草轮作的实施具有重要作用。

1 品种介绍

轴根型，根系发达；株高180～190cm，生长初期直立，后期上部蔓生，茎密被黄色长硬毛；三出羽状复叶，大而较厚，顶生小叶卵形或椭圆形，侧生小叶卵圆形，叶柄长，托叶披针形；总状花序腋生，通常有花5～6朵，花冠蝶形，淡紫色；荚果矩圆形，成熟时为黑褐色，每荚2～3粒种子；种子扁椭圆形，黑色，百粒重12～14g。

松嫩秣食豆喜温，发芽的最低温度为6～8℃，最适温度18～22℃，发芽时需吸收干种子重的120%～130%的水分。松嫩秣食豆适应性很强，在黑龙江省西部干旱区，中部、东部湿润区均生长良好；抗旱能力强，根系发达，能充分吸收土壤水分，在黑龙江省西部干旱区年降水量220～400mm地区生长良好；耐阴，耐瘠薄，较耐盐碱。对土壤要求不严，沙土、黏壤土，肥沃或瘠薄土地都可种植，但以排水良好、土层深厚、肥沃的黑壤土、黑沙壤土为最适宜。松嫩秣食豆在黑龙江省一般5月上中旬播种，播后10d左右苗齐，出苗后20～25d开始分枝，7月下旬进入现蕾期，8月上旬进入开花期，8月中下旬进入盛花期，9月下旬种子成熟，生育天数130d左右。

2 适宜区域

适宜在黑龙江、吉林、内蒙古、辽宁等地推广种植。

3 栽培技术

3.1 选地

宜选择地势平坦、排水良好、土壤肥力中等，pH 6.8～8.0的壤土或沙壤土地块。不应有前茬作物除草剂残留。

3.2 土地整理

耕翻以秋翻深松为宜，深度为20～25cm。可顺耙、横耙或对角线耙。整平耙细。

3.3 播种技术

3.3.1 播种期

黑龙江地区通常在4月下旬至5月上旬播种。

3.3.2 播种量

根据播种方式和利用目的而定。单播时，以刈割为利用目的，若条播，播量为30～45kg/hm^2；可与青贮玉米进行混播，青贮玉米播种量30～37.5kg/hm^2，松嫩秣食豆播种量15～30kg/hm^2。

3.3.3 播种方式

条播，可单种、间种、混播、套种和复种。播种方法采用平播和垄作，生产青刈饲料时，行距45～65cm；生产籽实时，以垄作行距65cm为宜；播深3～5cm，播后覆土镇压。秣食豆耐阴性较强，因此可以和玉米、燕麦等作物混播和间种，既能提高饲料的单位面积产量，又可提高饲料品质。

3.4 水肥管理

在播种的同时深施种肥，深度8～10cm，施入磷酸二铵225kg/hm^2。可根据土壤墒情，适时灌溉，可大幅提高产量。

3.5 病虫杂草防控

松嫩秣食豆苗期生长缓慢，适时采用化学、机械方法进行中耕除草。化学除草剂以咪草烟1 800mL/hm^2+精喹禾灵600mL/hm^{2}或咪草烟1 500mL/hm^2+烯禾啶1 500mL/hm^{2}为宜。

采用“预防为主，综合防治”的方针。及时防治病虫害。优先选用农业防治、物理防治、生物防治等措施。

4 生产利用

秣食豆为一年生饲草，分枝多而茎秆柔软，草质好，产量高，适口性好，牛、马、羊各类家畜均喜食，青刈后晒制青干草贮备，可作为冬季补饲的优良饲草；也可与禾本科牧草进行间种、混播、套种和复种及粮草轮作，利用方式多样，是东北地区优良的豆科饲草品种。

松嫩秣食豆结荚期风干样，粗蛋白含量为15.24%、粗脂肪含量为0.91%、粗纤维含量为29.08%、中性洗涤纤维含量为50.84%、酸性洗涤纤维含量为38.12%、粗灰分含量为6.76%，蛋白质含量高，叶量丰富，草质柔软，是优质蛋白饲草。

作青刈或青饲时，可从株高50～60cm到开花期至鼓粒期时分期刈割；调制青干草或青贮时，宜在8月下旬鼓粒期收割，也可与玉米秸秆混合青贮。

采籽粒用的秣食豆要适时收获，收早会降低产量和品质，收晚易炸荚，一般在叶已脱落、豆荚变干、籽粒与荚壁脱离、摇动有声时收获。

松嫩秣食豆主要营养成分表（以风干物计）

生育期	CP (%)	EE (g/kg)	CF (%)	NDF (%)	ADF (%)	Ash (%)
盛花期	16.57	0.72	25.33	45.23	34.53	6.84
结荚期	15.24	0.91	29.08	50.84	38.12	6.76
成熟期	13.02	1.88	30.95	52.05	40.48	5.94

松嫩秣食豆群体

松嫩秣食豆花

松嫩秣食豆单株

松嫩秣食豆种子

陇东达乌里胡枝子

陇东达乌里胡枝子［*Lespedeza davurica*（Laxm.）Schindl. ‘Longdong’］是以甘肃陇东地区采集的野生达乌里胡枝子为材料，在人工栽培条件下，采用混合选择法，在野生群体中选出植株较高大、分枝数较多、生育期相近、花色一致的多个优良单株，混合收种，形成野生栽培品种。由甘肃创绿草业科技有限公司和甘肃农业大学草业学院于2013年5月15日品种登记，登记号459。

1 品种介绍

豆科胡枝子属旱生草本状半灌木。直根系，主根发达，根系为表层聚集型，主要分布在0～20cm土层，茎直立或斜生。开花期株高86.5cm，二年生及两年以上植株部分分枝较少，一级分支约为3.7个，二级分支约为19.8个，生殖枝约为16.8个，占全部枝率的84.9%。羽状三出复叶，小叶披针状，长约2.5cm，宽0.87cm，叶柄35cm。总状花序腋生，各级分支均有花序，二级分枝花序数多于一级分枝花序。平均每个花序的小花数约为22个，每个小花可结一个荚果，结荚数16.8个，结荚率76.7%，成熟荚数为13.1个，熟荚率78%，每个荚果含种子一粒。带荚种子千粒重1.7～2g。

陇东达乌里胡枝子耐寒、抗寒、耐旱、耐瘠薄、病虫害少。生长两年后根颈分枝能力强，刈割后再生速度快，大田干草产量较高，可达6 000～7 000kg/hm²，枝条较细，二级分枝和叶量丰富，适口性好。开花数量多，结实率高。大田种子产量506kg/hm^2，当年收获的种子硬实率约为68%，带荚种子千粒重2g、裸重1.7g。在陇东地区4月中旬返青、6月中旬开始孕蕾、7月中旬为开花期、8月中旬为结实期、10月上旬种子成熟，生育期161d。

2 适宜区域

陇东达乌里胡枝子通常散生在土地条件严酷的干旱山坡上，分布在陇东、陇南、陇中及临夏等城市。在胡枝子属中，达乌里胡枝子较为耐旱，常用在干旱山坡沿等高线造林绿化、草地补播利用和改良退化或沙化草地，现广泛用于水土保持。适宜在我国黄土高原地区和西北干旱半干旱地区以及华北半湿润地区种植。

3 栽培技术

3.1 整地

对土壤要求不严，但种子细小，大田种子直播时需精细整地，使表土细碎。育苗移栽时，需将荒山、荒坡按等高线整成水平沟或外高内低的反坡田，以便蓄留水分。同时应清除杂草及草根，适当施入农家肥或有机肥作基肥。

3.2 播种

3.2.1 种子处理

因硬实种子多，播前要用碾米机、碾盘等碾磨，使种皮发毛，或用浓硫酸腐蚀种皮，然后清洗干净，拌以老胡枝子地里的表层细土，相当于根瘤菌接种，或青苗后直接移栽。

3.2.2 播种期

4月中旬至8月中旬均可播种，苗期生长慢，杂草危害大，加之夏季干旱高温对幼苗的影响，无论种子直播还是育苗移栽，均以雨季最为适宜，一般为7月中旬至8月中旬。

3.2.3 播种量

种子直播一般用种30kg/hm²，育苗移栽用种3～5kg/hm²，稀播的种子田用种6～9kg/hm²即可。播种深度1～2cm，行距40～50cm，株距30～40cm。

3.3 田间管理

胡枝子种子细小，出苗困难，幼苗生长缓慢，防除杂草尤为重要，苗期结合除草松土，可适当追施尿素、磷酸二铵等，用量一般为150kg/hm²。第二年返青后或雨前追施化肥，能显著提高产草量。在350～700mm年降水量地区，胡枝子可正常生长，水肥充沛时产量更高；干旱地区有灌水条件时适时灌溉，有利于增加产草量。

陇东达乌里胡枝子未见明显的病虫害。

4 生产利用

陇东达乌里胡枝子在收草利用时，适宜在孕蕾期至初花期刈割利用，生长季可刈割两茬。因其为半灌木，延迟刈割时，由于木质化程度提高，饲用品质急剧下降。

在收种子利用时，可在10月初收获。胡枝子生育期长，种子收获时可以避开雨季，加之种子不掉荚不落粒，收获期弹性大，有利于种子生产。一般粗放管理下，种子产量可达450～750kg/hm²。

作为生态修复、水土保持利用时，胡枝子林下可套种早熟禾、羊茅、黑麦草等，可以更好地固结表土，减少水土流失。也可套种天蓝苜蓿、蒺藜苜蓿、波斯三叶草等一年生豆科牧草，可兼收草籽，增加收益。

大田生长3年的陇东达乌里胡枝子头茬草营养成分平均为：水分5.44%、粗蛋白13.7%、粗灰分5.35%、粗纤维27.75%、粗脂肪1.99%、中性洗涤纤维48.64%、酸性洗涤纤维36.8%、钙1.11%、磷0.23%。

中草16号尖叶胡枝子

中草16号尖叶胡枝子［*Lespedeza hedysaroides*（Pall）Kitag. 'Zhongcao No.16'］是以栽培驯化的科尔沁尖叶胡枝子群体，采用自然选择和人工选择相结合的方法，经过株选和多次多代混合选育而成。由中国农业科学院草原研究所于2020年12月3日登记，登记号594。该品种对干旱和寒冷地区气候适应性强，产量较高，可持续高产、多年利用，在水分条件较好的地区也能保持较高产量，并具备叶量大，营养价值高的特性，粗蛋白含量达20.4%。

1 品种介绍

豆科胡枝子属多年生草本状半灌木。直根系，为表层聚积型。茎直立，二年生及两年以上植株基部一级分枝5～13个，二级侧枝87～105个，侧枝与主枝夹角比较小，侧枝向上。新品系的二级分枝比科尔沁尖叶胡枝子平均多10个以上。枝条密而较细，羽状三出复叶，托叶刺芒状，叶片条状长圆形，叶密集，叶量丰富，顶生小叶长25～32mm、宽6.0～7.0mm。总状花序腋生，具3～5朵小花，常异花授粉，花萼杯状，萼片披针形。花冠白色，荚果包于宿存的萼内，内含1粒种子。种子千粒重1.68g。栽培条件下种子成熟时间为9月下旬，种子产量为1 071.04kg/hm^2。

该品种耐干旱、耐瘠薄，在内蒙古赤峰地区生育期为134d，比亲本延长10d，可用于退化、沙化草原改良、山地草原水土保持，其营养价值较高，并可作为优良牧草青饲或制作干草、草粉饲喂家畜利用。

2 适宜区域

我国西北、华北、东北等干旱、半干旱、半湿润的平原地区和山地草原区。

3 栽培技术

适宜晚春至初夏播种。种子硬实度较高，播种前要用石碾或脱壳机去壳，擦破种皮，或者用浓硫酸处理打破种子硬实。播种方式为条播，以牧草生产为目的，行距40cm，覆土厚度1.5～2.0cm，播种量5.8kg/hm^2；以种子生产为目的时，行距为80cm，播种量3kg/hm^2。播种后苗期适时防除杂草，播种当年秋季浇冻水，返青后除草。播种当年不能收获种子，种子收获宜在9月中下旬。1年刈割1次，在初花期刈割，留茬10cm。

4 生产利用

可以调制干草或制作草粉和青贮。

中草16号尖叶胡枝子叶

中草16号尖叶胡枝子花

中草16号尖叶胡枝子种子

中草16号尖叶胡枝子群体

春疆一号斜茎黄芪–膜荚黄芪杂交种

春疆一号斜茎黄芪–膜荚黄芪杂交种（*Astragalus adsurgens* × *A.manbranaceus* ‘Chunjiang No.1’），是以野生斜茎黄芪为母本、膜荚黄芪为父本杂交，经多年多代选育而成的新品种，由内蒙古自治区草原工作站于2020年12月3日登记，登记号587。

豆科黄芪属多年生草本，植株直立，分枝多，第一年株高90～120cm，其他年份株高120～150cm，根茎分蘖，第一年3～5个，其他年份一般15～40个。叶片较密，叶量大。花序多，开花略晚，而且比较集中，花冠多种颜色。种子成熟期短，成穗率高，荚果中成熟种子平均6～12粒，比斜茎黄芪高出50%。

适宜在内蒙古阴山南麓、黄河流域、西辽河流域等地种植，7月中旬开花，9月下旬种子成熟。在无霜期115～120d，大于10℃年有效积温2 500℃左右，年降水量300～400mm地区种植鲜草产量平均达20 000～25 000kg/hm^2。草质好，初花期粗蛋白含量可达17%以上，适口性好，牛羊采食率可达95%以上，饲喂奶牛可提高产奶量，并可增强奶牛抗病力。产籽量高，种子自繁更新能力极强，抗逆性强，耐瘠薄、耐干旱、耐风沙，可用于荒漠化和沙漠化草原修复。

4月至8月初均可播种，可采用条播、撒播、混播及免耕补播，种子可以丸衣化处理，浅播覆土1cm左右。

淮扬金花菜

淮扬金花菜（*Medicago polymorph* L. ‘Huaiyang’）是从长江下游当地农家栽培秧草（金花菜）中筛选优异材料，采用混合选择法，在江苏省扬州市、镇江市等地进行适应性评价，以产草量和生长速度为指标，经多年栽培驯化而成的地方品种。由扬州大学于2013年5月15日登记，登记号457。在设施栽培条件下，淮扬金花菜平均鲜草产量可达30 332kg/hm^2，最高达45 250kg/hm^2。生长季可以刈割8次，青干草产量平均可达6 000kg/hm^2。

1 品种介绍

豆科苜蓿属一年生草本，主根系，侧根较多。子叶出土，株高30～80cm。茎平卧或斜生，分枝能力强，刈割再生能力强。根瘤圆形或扇形，较多。三出羽状复叶，叶片较薄，叶菱形、倒卵形或倒披针形，有大叶型和小叶型之分。小叶顶端圆，中肋稍凸出，叶缘上部2/3至1/2有锯。总状花序腋生，蝶形花较小，从叶腋中抽生，花梗细，花黄色，小花1～4枚。雄蕊9＋1，自花授粉，花期30～40d。荚果螺旋形，边缘有毛具带钩柔刺。每荚3～6粒种子。种子黄褐色、粒较小，肾形，千粒重1.8g。

适宜长江中下游地区温暖湿润气候，在降水量1 000mm的地区生长良好。对土壤要求不严，喜排灌良好、肥沃疏松的沙壤土。前期生长慢，后期生长快，冬季生长良好。淮扬金花菜属小叶型，产草量高且稳定，抗寒、抗病虫能力较强。蛋白质含量高，经济价值高。金花菜可多季栽培，春、夏、秋播均可，常年以秋播为主，长江流域适于9～11月夏秋播种。可以多次刈割利用。生长状况易受水分条件影响，不耐涝，抗旱性差。冬春季病虫害发生较少。淮扬金花菜营养生长期风干样品干物质含量83.9%，粗蛋白含量29.4%，粗灰分含量7.9%，中性洗涤纤维含量21.7%，酸性洗涤纤维含量10.2%。

在江淮地区适宜9月上旬播种，翌年4月底现蕾，5月初开花，6月初种子成熟，生育期250～260d；在淮河以北地区宜3～4月播种。

2 适宜区域

适宜长江中下游地区，适宜生长的年平均温度范围为10～15℃，在年降水量为800～1 100mm、年日照时数2 000～2 200h、无霜期200～220d的地区生长最为良好。

3 栽培技术

3.1 选地

对土壤要求不严，选择地势高爽、排灌良好、肥沃疏松的沙壤土连片种植。大面积种植时应选择较开阔平整的地块，以便机械作业。进行种子生产的产地要选择光照充足、利于花粉传播的地块。

3.2 土地整理

淮扬金花菜种子细小，需要深耕精细整地。播种前清除生产地残茬、杂草、杂物，耕翻、平整土地，做到土地平整、土块细碎。杂草严重时可采用除草剂处理后再翻耕。间隔

5～16m要开挖排水沟，土壤酸度较大时，要通过施石灰调整土壤pH，以利于根瘤形成。在翻耕前施基肥（农家肥、厩肥）15 000～30 000kg/hm^2，过磷酸钙600～750kg/hm^2。

3.3 播种技术

3.3.1 种子处理

淮扬金花菜种子播种有带荚播种和不带荚播种两种方式。荚果螺旋形，边缘有毛具带钩柔刺。可以机械处理去除荚壳，但容易造成发芽率下降的情况。在初次种植金花菜的地块，播种前要用根瘤菌剂拌种。接种后应及时播种，防止太阳曝晒。在病虫多发地区，为防治地下害虫，可用杀虫剂拌种；防治病害，可根据具体病害类型用杀菌剂拌种，但接种了根瘤菌的种子不能再进行药剂拌种。

3.3.2 播种期

长江流域9—11月夏秋播种，秋季播种应尽早进行，播种期宜避开雨季，土壤有积水时亦不能播种。

3.3.3 播种量

根据播种方式和利用目的而定。条播，净种子播量为30～45kg/hm^2；撒播，播种量适当增加30%～50%；带荚种子播量375～525kg/hm^2。

3.3.4 播种方式

播种方式以条播为主，也可撒播，播种深度1～2cm。条播易于田间管理和除草，南方种植需开沟，翻耕20cm深度，耕后耙耱，利于种子出芽。条播行距，收草用行距20～30cm，收种用行距60～80cm，播后镇压。

人工撒播时可用小型手摇播种机播种，也可将种子与细沙混合均匀，直接用手撒播。撒播后可轻耙地面或进行镇压以代替覆土措施，使种子与土壤紧密接触。

3.4 水肥管理

在幼苗3～4片真叶时要根据苗情及时追施苗肥，使用尿素或复合肥，施用量75kg/hm^2，可撒施、条施或叶面喷施。以割草为目的的草地，每次刈割后追施肥料，以过磷酸钙为主，施用量为150～300kg/hm^2，可以撒施、条施。

在南方生长季节，雨量充沛，一般不进行灌溉。在多雨季节，要及时排水，防止涝害发生。

3.5 病虫杂草防控

该品种病虫害较少，种植两年以上，多见绵腐病、霜霉病和菌核病，多在冬春雨后潮湿时发生，侵染幼株和成株，可用1：50的青矾水浇灌或喷洒50%多菌灵可湿性粉剂1 000倍溶液。

常见的虫害有蚜虫、浮尘子、盲蝽、潜叶绳等。蚜虫集中于幼嫩部分吸取其营养，使植株嫩茎幼叶卷缩。受浮尘子、盲蝽危害的植株叶片卷缩，花和蕾凋萎，顶芽干枯，结实率降低。潜叶绳在叶表皮下潜行蛀食，使叶枯黄，影响光合作用造成减产。上述虫害均可用乐果、敌百虫等防治。病虫害严重时，可采取及时而频繁的刈割来避免。

金花菜苗期生长缓慢，要及时清除杂草。可通过人工或化学方法清除。除草剂要选用选择性清除单子叶植物的一类药剂。对于一年生杂草，也可通过及时刈割进行防除。

4 生产利用

淮扬金花菜鲜草鲜嫩多汁，在现蕾期之前作为风味蔬菜利用，经济价值较高；固氮效率高，可作为稻田绿肥利用；作为饲料可以青饲喂马、牛、羊、猪、兔和家禽，还可以制作青贮饲料，也可制作叶蛋白粉添加到畜禽日粮中作为蛋白质补充饲料。

淮扬金花菜苗期生长慢，进入生长期后生长加快，再生性好。秋季可以刈割1～2次。设施栽培条件下可持续刈割，留茬高度在3～5cm。开花期之前质地最佳，口感最好，营养价值高。

据农业农村部全国草业产品质量监督检验测试中心检测，初花期（以干物质计）粗蛋白含量21.5%，中性洗涤纤维含量22.4%，酸性洗涤纤维含量17.3%。

淮扬金花菜主要营养成分表（以风干物计）

生育期	CP (%)	EE (g/kg)	CF (%)	NDF (%)	ADF (%)	Ash (%)	Ca (%)	P (%)
分枝期	30.5	—	—	21.1	17.3	—	—	—
现蕾期	22.2	—	—	25.8	21.9	—	—	—
初花期	21.5	—	—	22.4	17.3	—	—	—
盛花期	17.8	—	—	23.5	19.8	—	—	—

淮扬金花菜群体

淮扬金花菜单株

淮扬金花菜根系

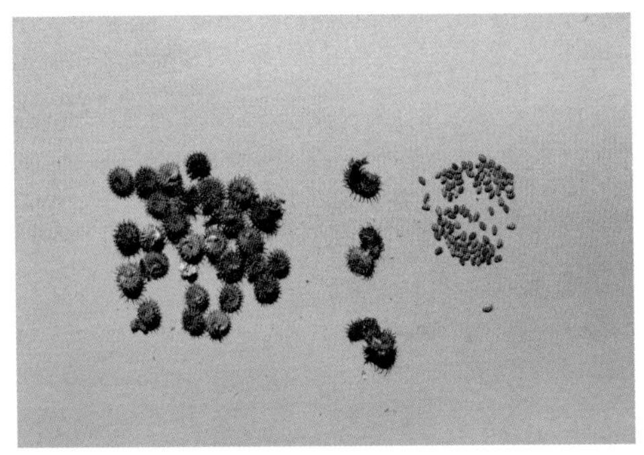

淮扬金花菜种子

热研22号圭亚那柱花草

热研22号圭亚那柱花草（*Stylosanthes guianensis* Sw. ‘Reyan No.22’）是热研2号圭亚那柱花草经过返地式卫星搭载，采用诱变育种和人工选择相结合的方法，经过单株选择、株系鉴定等手段选育而成。由中国热带农业科学院热带作物品种资源研究所于2020年12月3日登记，登记号586。该品种具有较强的抗柱花草炭疽病能力。多年多点接种炭疽病试验表明，热研22号圭亚那柱花草较热研20号及热研2号柱花草，生长受抑制最小，叶片质膜透性受胁迫最小，经隶属函数综合评价，热研22号柱花草抗炭疽病能力显著强于对照热研20号及热研2号柱花草；并且在品比试验和生产性试验测定，热研22号柱花草抗病能力均极显著强于对照热研2号柱花草。

1 品种介绍

豆科笔花豆属多年生半直立亚灌木状草本，株高0.8～1.2m。多分枝，茎毛稀疏。羽状三出复叶，中央小叶长椭圆形，长3.37cm、宽0.60cm；先端急尖，叶背腹均被疏柔毛，小叶柄长1.0mm，两侧小叶较小，长1.5～3.2cm、宽0.5～1.0mm，近无柄，仅具一极短的关节，托叶与叶柄贴生成鞘状，宿存，长1.2～1.8cm。密穗状花序顶生或腋生，花序长1～1.5cm；初生苞片紧包花序，密被长锈色柔毛；次生苞片长椭圆状至披针形；小苞片长1～4mm。蝶形花冠小，花萼上部5裂，长1.0～1.5mm，其基部合生成管状，花萼管纤弱，长5～7mm；旗瓣黄色，具红紫色细脉纹，长5～7mm、宽3～5mm，翼瓣2枚，比旗瓣短，淡黄色，上部弯弓，连合，具瓣柄和耳；龙骨瓣与翼瓣相似，具瓣柄和耳。雄蕊10枚，单体雄蕊，花药二型，长型花药着生于较长花丝上，短型花药生于较短花丝，长、短二型花药相间而生；雌蕊1枚，柱头圆球形，花柱细长，弯曲，子房包被于萼管基部，子房具胚珠1～2枚。荚果具一节荚，褐色，卵形，长2.65mm、宽1.75mm，具短而略弯的喙，具1粒种子，种子肾形，黄色至浅褐色，具光泽，长1.5～2.2mm、宽约1mm，千粒重2.765g。

喜潮湿的热带气候、耐干旱，在海南西南部干热气候的昌江（年均降水量909.3mm）年均产草量达7 914.10kg/hm^2，比热研2号柱花草增产13.80％；耐阴，在海南文昌椰园及三亚芒果园间作，年均产草量分别为7 742.15kg/hm^2、8 831.70kg/hm^2，比热研2号柱花草增产9.85%、14.42%。抗柱花草炭疽病能力强，经过3年生产性试验观测，平均病级为2.16级，发病高峰期最大病级3级，与热研2号柱花草的平均病级2.27和最大病级4级相当；适应各种土壤类型；具有较好的放牧与刈割性能，植株存活率较高。热研22号圭亚那柱花草开花期与热研2号柱花草相近，一般当年种植10月中下旬开始开花，11月中下旬盛花，12月底至翌年1月种子成熟，种子产量中等，一般为60.3～190.8kg/hm^2。

2 适宜区域

热研22号圭亚那柱花草适应范围广、适应性强，对土壤要求不严，从沙土到重黏质砖红壤土上均表现出良好的适应性，尤耐低肥力土壤、酸性土壤（pH 4～7）和低磷土壤，能在pH 4.0～5.0的强酸性土壤和贫瘠的沙质土壤上生长良好。适宜的温度范围为年均温15～25℃；耐季节性干旱，在年降水量在600mm以上的地区均可种植。因此，热研22号圭亚那柱花草适合我国长江以南、年降水量600mm以上的热带、亚热带地区种植，在海南、广东、广西、云南、福建等省份表现最优。

3 栽培技术

3.1 选地

该品种适应性较强，对土壤要求不严，农田和荒坡地均可栽培；大面积种植时应选择较开阔平整的地块，以便机械作业。

3.2 土地整理

种子细小，需要深耕精细整地。播种前清除生产地残茬、杂草、杂物，耕翻、平整土地；杂草严重时可采用除草剂处理后再翻耕。在土壤黏重、降雨较多的地区要开挖排水沟。作为刈割草地利用时，在翻耕前施基肥（农家肥、厩肥）15 000～30 000kg/hm^2、过磷酸钙600～750kg/hm^2。

3.3 播种技术

3.3.1 种子处理

柱花草种子外壳坚硬，种皮外表有一层蜡状角质层，不易出苗。因此，在播种前，必须对种子进行处理。

目前生产上常用且经济便捷的方法是热水浸种，即将种子放入80℃热水中浸泡3～5min，捞起晾干。此法可在短时间内，使种子表面蜡质层脱落、外壳变软，易吸水膨胀，从而提高种子发芽率。一般上午处理种子，下午播种。

有条件的地区，在播种前还可以将处理后的圭亚那种子用根瘤菌剂拌种，这样不仅可防止植物缺氮，促进柱花草生长，也可减少圭亚那柱花草对土壤氮素的吸取，利于恢复和提高土壤肥力。

3.3.2 播种期

播种期的确定主要考虑温度、水分及利用目的，在海南地区，全年温度较高，因此水分成为播种期的决定因素。海南西部地区降水量低，一般在6—7月雨季来临时播种为宜，中部地区以5—6月播种为佳，东部地区则可常年播种。

3.3.3 播种量

根据种子的发芽率及纯净度确定合理的播种量，播种量过大、密度大，会使植株纤细、生长不良。反之，播种量不足，覆盖地面时间长，杂草滋生，影响牧草产量。因此，必须根据不同情况确定合理的播种量，才能获得良好的经济效益。一般情况下，直播的播种量为7.5～15.0kg/hm^2；育苗移栽的播种量为1.5～2.25kg/hm^2。

3.3.4 播种方式

可采用条播或撒播，生产中以撒播为主。条播时，以刈割鲜草为主要利用方式的，行距40～50cm，以收种为目的时，行距为50～60cm；覆土厚度以0.5～1.0cm为宜。撒播时，可将种子与细砂混合均匀（细砂量约为种子量的5倍），用小型手摇播种机播种，或直接用手撒播，撒播后可轻耙地面或进行镇压以代替覆土措施，使种子与土壤紧密接触。

3.4 田间管理

播种后1～1.5个月时可根据苗情及时追施苗肥，使用尿素或复合肥，施用量为60～75kg/hm^2，可撒施、条施或叶面喷施。柱花草同其他豆科牧草一样，有固氮功能，大部分土壤条件下，根系生长良好，一般不用加施氮肥，但要施用磷肥和钾肥，每年使用过磷酸钙250～450kg/hm²、钾肥150～250kg/hm²。

种植多年的柱花草草地，需测定土壤的pH的变化，在土壤pH低于5.5时，宜施用石灰450～600kg/hm²，以中和土壤酸度，使之更适于柱花草的生长。

3.5 病害防治

常见病害主要有炭疽病。炭疽病多发生在阴雨天及台风后，可侵染幼株和成株。因此，阴雨天气频繁时，要及早喷施0.2%多菌灵溶液，喷药一般在上午进行，从下风处开始，喷嘴与植株的垂直距离在0.5m以上，以免引起病害。

4 生产利用

热研22号圭亚那柱花草营养价值丰富、适口性好，是优良的高蛋白豆科饲料作物，每年可刈割2～4次，年干物质产量达到12 000kg/hm²以上，营养生长期干物质中粗蛋白质含量为16.77%。热研22号圭亚那柱花草可与臂形草等多种禾草混播建立热带人工草地，以提高草场的营养水平，并为禾草提供氮源，所建成的草地适宜放牧牛羊和其他畜禽，也适宜建成刈割型人工草地。可根据不同种类采取不同的比例，一般奶牛按20%～30%比例、猪按10%～15%的比例或将鲜草切碎成长2～3cm的小段与其他地方青饲料一起煮熟后饲喂，单位面积可消化蛋白提高31%，鸡日粮中添加5%的柱花草粉，草食性鱼类可将割回的鲜草直接投喂到鱼塘，鹿按30%～40%的比例投喂，用鲜草喂兔按60%的比例添加，但要求在柱花草株高

50～80cm、植株鲜嫩时刈割利用。在猪日粮中加入适量的柱花草草粉，可提高肉猪的日增重，从而降低饲养成本。在种禽日粮中加入适量的草粉，可明显提高其产蛋率、受精率和孵化率；在蛋禽日粮中加入适量的草粉，可使禽蛋色泽加深，从而提高其商品价值；在肉禽日粮中混入适量的草粉，可明显改善其健康状况，特别是在集约化高密度饲养条件下，能有效地减少家禽相互啄毛现象，改善家禽羽毛色泽，提高其商品价值。

热研22号圭亚那柱花草耐干旱和相对耐阴，因此适合在果园、幼龄胶园等种植园间作和覆盖地面。热研22号圭亚那柱花草具有较强的适应能力，其半直立贴地生长，可形成不定根，发达的侧根伸向四面八方，在表土层形成稠密的根网，在防止冲刷、崩塌、护坡固沟、保护堤岸、路基等方面有显著作用，加之强大根系上根瘤的固氮作用，使土壤中的有机质和氮素含量增加，对改良土壤结构有很大的作用，可作为改造瘠薄荒山和石质山地造林绿化的先锋植物，在沙地能防风固沙。我国热带地区是高温多雨的气候，水土流失严重，如在山坡、草地、沟谷、林地等处大量种植柱花草，可获得良好的水土保持效果，在短期内就可取得良好的生态效益。

热研22号圭亚那主要营养成分表（以风干物计）

生育期	CP (%)	EE (g/kg)	CF (%)	NDF (%)	ADF (%)	Ash (%)	Ca (%)	P (%)
分枝期	16.77	3.28	32.71	44.8	39.2	6.58	1.13	0.14

注：数据来源于中国热带农业科学院热带作物品种资源研究所测试中心测定结果。

热研22号圭亚那柱花草群体

热研22号圭亚那柱花草单株

热研22号圭亚那柱花草花

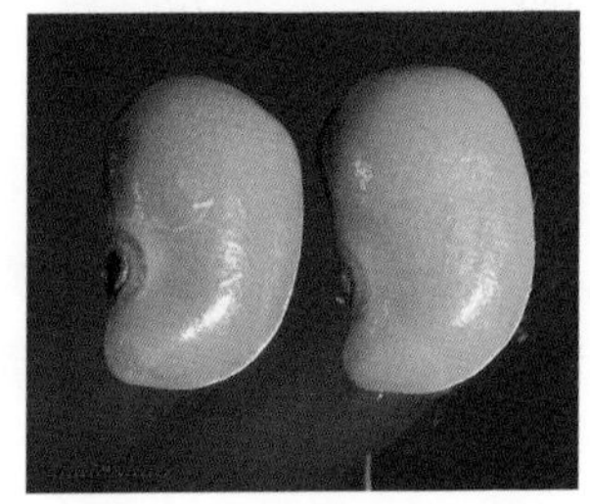

热研22号圭亚那柱花草种子

闽南狗爪豆

闽南狗爪豆［*Mucuna pruriens*（L.）DC. 'Minnan'］是1998年在福建省泉州安溪县金谷镇野外采集获得，通过观测形态学特征、生物学特性、产量及养分含量等指标选育而成的野生栽培品种。由福建省农业科学院农业生态研究所于2020年12月3日登记，登记号600。该品种具有在热带、亚热带地区适生、高产、耐旱耐瘠、耐高温、叶茎比高、病虫害少、养分含量高（初花期粗蛋白21%）等优点，适宜在热带、亚热带新垦红壤地、荒山荒坡地作先锋作物，用以改良土壤、保持水土以及作饲料（牧草）、食用、绿肥利用。

1 品种介绍

豆科黧豆属为一年生或越年生缠绕型草本植物。直根系，根长55～90cm。茎淡绿色，具白色绒毛，六棱形，茎长3～6m、茎粗2～5cm、茎节长20～30cm。羽状复叶具3小叶，小叶长8～18cm或过之，宽6.5～13cm，基部宽楔形，两侧小叶斜卵形，叶柄长10～20cm，小叶柄长5～10mm，羽状叶脉，叶片上有稀茸毛，托叶早落，小托叶线状，长约5mm，叶色绿色。总状花序，腋生，长15～25cm，下垂，苞片披针形，花萼宽钟状，花序上小花20～35朵不等，花冠紫红色，蝶形花，旗瓣最短，翼瓣较长，龙骨瓣最长，可达4cm。荚果斜扁形，长8～10cm、宽可达2cm，略膨胀，嫩果绿色，成熟时淡棕褐色或淡褐色，密被灰褐色短柔毛，每荚4～8粒种子。种子卵形、扁平、灰白色，长约1.5cm、宽约1cm、厚5～6mm，百粒重96.08g。

闽南狗爪豆广泛分布于热带、亚热带地区，福建、海南、广东、广西、四川、贵州、湖北、浙江等省份有自然分布并有少量人工栽培，属喜温暖湿润气候的短日照植物，为异花授粉作物。在福建南亚热带4月开始生长，中亚热带5月开始生长，夏季生长最旺，7～11月为生长盛期，10～11月初花，翌年2月成熟，不耐霜冻，在中亚热带不能完成生育期，初荚后种子不能成熟，在南亚热带越冬率较高。成熟期草层高40～70cm，干草产量7 500～11 260kg/hm^2。初花期粗蛋白含量可达21.04%。种子产量1 800～2 250kg/hm^2。

2 适宜区域

闽南狗爪豆具有强的红壤适应性与抗逆性及生态保护效果，适宜在热带、亚热带新垦红壤地作先锋作物，用以改良土壤、保持水土以及红壤区种植作饲料、绿肥利用。

3 栽培技术

3.1 选地

该品系适应性较广，适于南方热带、亚热带地区种植，尤其适合荒山荒坡地种植利用，但只在南亚热带及以南地区方可完成生育期，在黏性黄泥土生长较差。

3.2 土地整理

播种前施基肥，包括施氮肥10～15kg/hm^2、施磷肥4.5～7.5kg/hm^2、施钾肥12～18kg/hm^2，混匀并耙入土深10cm处。

3.3 播种技术

3.3.1 播种期

播种一般在清明前后最为适宜，若雨水不足可延至5月，也可以育苗移栽，效果较好。

3.3.2 播种量

穴播，每穴播种子2～3粒。

3.3.3 播种方式

穴播，穴间距50～80cm，挖穴宽10～15cm、深3.5～5cm，每穴播种子2～3粒，播后覆土镇压便可。

3.4 水肥、刈割等管理

当豆苗生长到30～40d，进行中耕除草一次，若生长不良，最好追施粪肥，并将苗挂蔓，可提高产量。当闽南狗爪豆草层高达50～70cm时即可刈割，留茬高度为20～30cm，留茬太低则再生性不好，每年可刈割2～3次，刈割同时要掌握好气候、雨水等农时。由于闽南狗爪豆为蔓生植物，加上成熟的豆荚接触潮湿土壤时，易于腐烂，尤其在雨季。因此，栽培时须搭支架防止花、果腐烂，产量比自然蔓生地上的更高。狗爪豆生长期为180～240d，一般在12月至翌年2月收获，即荚果由褐转黑时便可陆续采收。采收的种子自然晾干后熟，待果荚完全转成黑褐色便可进行人工剥种、储藏，种子产量1 800～2 250kg/hm^2。

3.5 病虫杂草防控

闽南狗爪豆的病虫害较少发生，其主要虫害有豆蚜、豆荚螟、斜纹夜蛾、地老虎，主要病害有锈病、炭疽病。

4 生产利用

闽南狗爪豆在红壤山地种植干草产量可达7 500～

11 260kg/hm^2，粗蛋白含量达21%，作为豆科牧草干草利用，可获得较好的经济效益。闽南狗爪豆另一个重要的价值体现在生态效益方面，红壤山地种植该品种，不存在与其他经济作物用地矛盾，可有效增加覆盖，达到改善山区生态条件、改良土壤、防止水土流失的效果。同时，利用闽南狗爪豆营养生长期长、善于攀爬等特点，可以探索新的栽培模式，即利用禾本科玉米成熟后的秸秆直接栽培闽南狗爪豆，使其自然攀爬玉米秸秆，达到有效利用秸秆并节省人工搭架栽培闽南狗爪豆的劳动量。因此，闽南狗爪豆不仅可为福建省及南方红壤区山地草业发展提供适宜牧草品种，还可为南方大量的山地资源（尤其是荒山荒坡地）合理有效的开发利用增加一种途径，有效改善山区生态条件，是一个经济效益、社会效益和生态效益兼具的优良品种，在南方丘陵山区具有广泛的应用前景。

禾本科

达伯瑞多花黑麦草

达伯瑞多花黑麦草（*Lolium multiflorum* L. ‘Double Barrel’）是从美国引进的品种，利用一些生态型材料经多年多地群体杂交和选育而成。由云南省草山饲料工作站和北京正道生态科技有限公司于2012年6月29日登记，登记号447。该品种产量高，叶量大，适口性好，建植快，分蘖多，生长旺盛，耐寒，抗病性突出。兼备早熟品种的春季恢复生长早和产量高峰早，以及晚熟品种的饲草品质好和产量持续性好的优点。

1 品种介绍

禾本科黑麦草属一年生疏丛型禾草，须根系，株高110～140cm，直立生长，分蘖多，叶多而宽，叶色深绿有光泽，叶长10～30cm。穗状花序长15～30cm，每穗小穗多达35～40个，每小穗含小花10～20朵。种子长5～7mm，千粒重3.0～4.0g。

冷季型牧草，喜温暖湿润气候，27℃以下为适宜生长温度，35℃以上生长不良，不耐严寒酷暑，不耐阴。略耐酸，适宜土壤pH 6～7，对氮肥反应敏感，施氮肥能较大幅度提高其产量和增加植株的粗蛋白含量。

2 适宜区域

适宜我国南方年降水量在800～1 500mm的地区冬闲田种植和北方春播种植，以及年平均气温10.8～22.6℃的温暖湿润地区。

安第斯多花黑麦草

安第斯多花黑麦草（*Lolium multiflorum* L.‘Andes’）是丹农匹克公司以多个多花黑麦草亲本群体杂交产生，以“高产优质，再生性好，抗冠锈病和叶斑病”为育种目标，经连续多代混合选择，于2009年选育而成。2012年四川农业大学等单位从丹农匹克公司引入国内，并由四川农业大学于2020年12月3日登记，登记号595。该品种具有显著丰产性。多年多点比较试验证明，安第斯多花黑麦草较对照品种杰威平均增产5.87%，较对照品种川农1号增产最高达23.23%，平均干草产量达12 599.13kg/hm^2。

1 品种介绍

安第斯多花黑麦草属一年生草本，须根发达；茎秆直立、粗壮，直径0.46～0.53cm，植株高大；叶片扁平深绿，叶量丰富，长25～40cm、宽1.0～1.7cm；花序长35～50cm，小穗含25～33朵小花，芒长5.5～10mm；颖果长圆形，种子千粒重4～7g，染色体2n=4x=28；分蘖较多，冬春生长速度快，叶片肥厚，柔嫩多汁，适口性好，营养价值高，再生性强。生育期235～245d。

耐贫瘠、耐酸，耐热、抗寒，抗病性强，适应性广，各类土壤均可种植。高产优质，鲜草产量达100 000～130 000kg/hm^2、干草产量12 000～16 000kg/hm^2，种子产量1 200～1 500kg/hm^2。

2 适宜区域

安第斯多花黑麦草适宜于长江流域及以南区域种植，特别适宜于川东、黔南、华中和华南地区种植。

3 栽培技术

3.1 选地

该品种适应性较强，对土壤要求不严，各种土壤均可栽培。

3.2 土地整理

播种前喷施灭生性除草剂，除去种植地中的所有杂草。一周后深翻土地，深翻深度不小于20cm。精细整地，使土地平整、土壤细碎。为保持良好的土壤墒情，在降水量过多的地区，应根据当地降水量开设适宜大小的排水沟，便于雨后排水。根据土壤肥力条件，可结合整地施腐熟的农家肥22 500～30 000kg/hm^2，或施N 105～120kg/hm^2、P_2O_5 90～135kg/hm^2、K_2O 30～38kg/hm^2。

3.3 播种技术

3.3.1 草种质量

播种的多花黑麦草种子质量应满足GB 6142中划定的2级以上（含2级）种子质量要求。

3.3.2 播种期

多花黑麦草可春播、秋播，其最适发芽温度为20～25℃。因此，在北方和高海拔地区宜春播，时间在5月中旬至6月中旬；长江流域及以南地区宜秋播，播种时间为9月中旬至11月中下旬。

3.3.3 播种量

播种前检查测定种子的纯度、净度、发芽率，确定适宜的播种量。播种量应根据种子质量而定，一般而言，条播播种量为22.5～30kg/hm^2，撒播为35～40kg/hm^2。收种田播种量应适当降低，一般为15～22.5kg/hm^2。还可与紫云英、白三叶等豆科牧草混播，种子用量35%左右，可有效提高群体产量和饲草品质，并可改良土壤。此外，还可与水稻、玉米等轮作。当水稻或玉米收割后，清除杂物后深耕碎土，除尽杂草，再播种多花黑麦草。

3.3.4 播种方式

通常采用条播方式，行距20～30cm、深2.0cm。也可撒播，撒播则要求播种均匀。播种后用细土覆盖，覆土厚度一般以1～2cm为宜。适当镇压，使种子与土壤紧密结合。

3.4 水肥管理

喜湿怕浸，要及时排水灌水，防止干旱或水浸。在施足基肥后，在多花黑麦草三叶期、分蘖期、拔节期按40%、45%、15%的比例追施尿素187.50kg/hm^2。每次割草2～3d后，施尿素70～100kg/hm^2，兑腐熟的清粪水施用，以利再生草快速生长，促进再生。但刈割后不要马上施肥，以免灼伤草头，引起腐烂。每次追肥后都要进行灌溉，以利养分的吸收，避免肥害。当气温低于5℃时，进入休眠越冬，应在进入越冬前15d停止刈割，以利越冬。为不影响春播玉米或早稻禾苗的生长，应在玉米播种前或水稻插秧前犁翻草茬，并放水沤田。

3.5 病虫杂草防控

多花黑麦草易感染锈病和黑穗病，可选用三唑酮可湿性粉剂1 000～2 500倍液、12.5%特谱唑可湿性粉剂2 000倍液等防治锈病，用三唑酮、多菌灵等杀菌剂防治黑穗病。苗期要注意地老虎和蝼蛄危害，可用氯虫苯甲酰胺、锐劲特、安绿宝等农药防治，农药使用应符合GB 4285、GB/T 8321和GB 14928.7规定。

4 生产利用

多花黑麦草刈割时期，因饲喂的对象而异。饲喂牛羊，一般在初穗期刈割；饲喂兔、鹅、鱼、猪，通常在拔节期至孕穗期株高30～60cm时刈割。刈割时，应注意留茬5～10cm。除直接鲜喂外，也可晒制成干草或青贮。作青贮料时，应在孕穗期前刈割，当青草含水量降至65%～75%时，将草装入窖中。青贮饲料经过40～50d后便能完成发酵过程，饲用时就可开窖使用，不受季节限制。

安第斯多花黑麦草主要营养成分表（以绝干物计）

生育期	CP（%）	NDF（%）	NDF（%）	碳水化合物（%）
拔节期	18.35	49.33	24.83	20.67
孕穗期	12.58	52.34	31.06	11.55

注：数据来源为四川农业大学测定结果。

安第斯多花黑麦草单株

安第斯多花黑草花序

泰特Ⅱ号杂交黑麦草

泰特Ⅱ号杂交黑麦草（*Lolium* × *bucheanum*‘Tetrelite Ⅱ’）由丹农国际种子公司（DLF INTERNATIONAL SEEDS）于2003年从美国引进，由四川省金种燎原种业科技有限责任公司于2013年5月15日通过全国草品种审定委员会审定，登记号456。该品种具有显著丰产性，出苗快，耐寒，春季恢复生长早，再生力强，产量高，品质好，鲜草产量一般达37 500～87 500kg/hm^2，干草产量6 000～14 000kg/hm^2，产量和持久性受种植地气候条件影响很大。

1 品种介绍

黑麦草属疏丛型草本，根系发达，须根密集，分蘖多，茎秆粗壮，直立生长，高90～110cm。叶量大，分蘖数60～100个。叶片深绿色有光泽，长10～20cm。穗状花序，长20～30cm，每小穗含小花5～11朵。种子长7～8mm，外稃具短芒，千粒重4.0～4.6g。

四倍体中早熟品种，冷季型，喜温暖湿润气候，27℃以下为适宜生长温度，35℃以上生长不良，适合多种土壤，略耐酸，适宜土壤pH 6～7，对氮肥反应敏感。种子萌发迅速，建植快，株型高大，抗逆性好，产量高，再生快，每年可割草4～6次，再生快，适口性好，在温和湿润气候地区可利用3年左右，但在夏季炎热干旱地区只能利用1年。耐寒性好，春季开始生长早，不耐阴。适合年降水量800～1 500mm、气候温和地区种植，秋季播种时生育期274d。

2 适宜区域

适宜长江流域及以南、海拔800～2 500m、降水量800～1 500mm、年平均气温10～25℃的温暖湿润山区种植。夏季炎热地区只能用作一年生牧草，混播可提高种植当年草地产量。

3 栽培技术

3.1 选地

该品种适应性较强，对生产地要求不严，农田和荒坡地均可栽培；大面积种植时应选择较开阔平整的地块，以便机械作业。进行种子生产时，要选择光照充足、利于花粉传播的地块。

3.2 土地整理

种子细小，需要深耕精细整地。播种前清除生产地残茬、杂草、杂物，耕翻、平整土地；杂草严重时可采用除草剂处理后再翻耕。在土壤黏重、降雨较多的地区要开挖排水沟，土壤酸度较大时，要通过施石灰调整土壤pH。作为刈割草地利用时，在翻耕前施基肥（农家肥、厩肥）15 000～30 000kg/hm^2，过磷酸钙600～750kg/hm^2。

3.3 播种技术

3.3.1 整地

播前精细整地，除掉杂草，贫瘠土壤施用底肥可显著增产。

3.3.2 播种

可春播或秋播，条播行距15～30cm，播深1.5～2.0cm，播种量15～25kg/hm^2，混播时播量酌减。

3.3.3 管理

在苗期要结合中耕松土及时除尽杂草；每2～3次刈割或放牧后可施适量氮肥；有条件的地方要适当沟灌补水。

3.3.4 利用

割草时间可选择抽穗前到抽穗期，留茬高度5cm左右，放牧需要适当控制强度，以维持草地持久性。

4 生产利用

泰特Ⅱ号杂交黑麦草适口性好，品质优良，粗蛋白和糖分含量高（第一次刈割粗蛋白21.41%），主要用作饲草、刈割、放牧或调制青贮、干草均可，每年可割草4～6次，适合牛、羊、兔等多种草食家畜，特别适合反刍草食家畜。夏季气候温和地区作多年生牧草利用，夏季炎热地区只能用作一年生牧草，与其他多年生牧草混播可显著提高多年生草地当年产量。

泰特Ⅱ号杂交黑麦草平均分蘖数达53.1，孕穗至抽穗期茎叶比为1：1.01。据农业农村部全国草业产品质量监督检验测试中心检测，第一次刈割牧草（以干物质计）粗蛋白含量21.41%、粗脂肪含量5.19%、粗纤维含量19.43%、中性洗涤纤维含量42.16%、酸性洗涤纤维含量22.08%、粗灰分9.93%、钙含量0.51%、磷含量0.38%。

晋牧1号高粱-苏丹草杂交种

晋牧1号高粱-苏丹草杂交种（*Sorghum bicolor* × *S. sudanense*‘Jinmu No.1’）是以A3细胞质雄性不育系A_3SX14A为母本，以SCR72为父本，于2005年冬在海南组配而成。由山西农业大学（山西省农业科学院）高粱研究所选育于2012年6月29日登记，登记号448。该品种具有显著丰产性。多年多点比较试验证明，晋牧1号高丹草平均干草产量10 020kg/hm^2，比对照皖草3号增产5.9%，比对照乐食增产10.7%。

1 品种介绍

高粱属一年生禾本科牧草，根系发达，分蘖数1.69个，株高300cm左右。茎秆粗壮多汁，茎粗1cm，茎秆含糖锤度13.5%。叶片19～20片，叶鞘为绿色，蜡质叶脉，穗型松散，种子红色。在我国北方1年可以刈割2次，南方可刈割4～6次，生育期124 d。

抗紫斑病、抗旱，丝黑穗病自然发病率为0；粗蛋白含量14.7%，粗灰分含量8.0%，粗脂肪含量2.35%，粗纤维含量27.85%，中性洗涤纤维含量55.95%，酸性洗涤纤维含量30.0%，钙含量0.81%，磷含量0.25%。刈割后植株再生力强，生长速度快。

2 适宜区域

活动积温达到2 300℃以上的区域均可种植，对土壤要求不严，盐碱下湿、干旱地均可种植，无霜期短的地区可春播，无霜期长的地区春播种植可通过多次刈割增加产量，也可夏播，充分利用气候资源。

3 栽培技术

3.1 选地

该品种适应性较强，对生产地要求不严，农田和荒坡地均可栽培；避免重茬，尽量选择前茬没有种过高粱的地块。

3.2 土地整理

前茬作物收获后及时秋深耕，耕翻深度25～30cm，春季适时耙地保墒。播种前清除生产地残茬、杂草、杂物，耕翻、平整土地。

3.3 适时早播，合理密植

晋牧1号高丹草种子发芽的最低温度为8～10℃，在生产上可把土表地温稳定在12℃时作为适时播种的温度指标，北方地区约在4月下旬至5月初播种，一般播种量22.5kg/hm^2，播种深度3～4cm。

种植密度是保证高产、优质的重要因素之一，植株密度不但影响单位面积茎叶产量，而且也影响草的品质和适口性。试验表明，一般留苗33万～37.5万株/hm^{2}为宜，另外还要根据土地的肥力条件确定每公顷留苗密度，水肥条件较好的地块可适当加大密度，土壤肥力和水利条件差的地块应适当减低密度。

3.4 化学除草，分段施肥

杂草，尤其是苗期的阔叶草杂草会严重影响高丹草的产量。要去除田间杂草，防除杂草简单有效的方法是施用化学除草剂，在播种后出苗前要喷施除草剂，可选用莠去津旱田除草剂，用量3kg/hm^2，兑水450kg地表喷雾。

晋牧1号高丹草生物产量高，多次刈割再生对肥力消耗大，所以施肥要掌握分段施肥的原则，一般施磷肥750kg/hm^2、尿素375kg/hm^{2}作基肥，每次刈割后追施150～225kg/hm^{2}尿素。

3.5 适期刈割，高产高效

晋牧1号高丹草生长到80cm时即可刈割，作为养鱼饲料一般在株高80～100cm刈割为好，养牛、羊对植株的生长时期要求不严，从株高100cm到抽穗期均可刈割饲喂。南方地区应避免连阴雨天刈割，以免出现烂茬现象。

作青贮一般应在抽穗期刈割，此时植株的生物产量达到较高值，蛋白含量也较高，是青贮饲料刈割的最佳时期。晋牧1号高丹草的再生主要靠基部分蘖和节间腋芽，留茬高度和再生发苗有很大关系，试验表明留茬高度10cm时，对有效利用第一茬草和下茬的再生发苗最有利。

4 生产利用

可青饲、青贮。青贮时要在刈割后将鲜草晾晒，使其含水量在65%左右再进行青贮。

晋牧1号高丹草，在山西、陕西、新疆、甘肃等省区进行生产示范，结果表明该草抗旱、抗倒伏、耐蚜虫、再生能力强、生长速度快、茎叶鲜嫩、适口性好。在山西省一年可刈割2～3次，鲜草产量平均比当地种植的苏丹草增产40%。

晋牧1号在南方补充同等精料的条件下养羊，其饲养效果显著高于桂牧一号象草，值得在南方红壤地区大力推广应用。

晋牧1号高丹草主要营养成分表

品种	CP (%)	Ash (%)	EE (%)	CF (%)	NDF (%)	ADF (%)	Ca (%)	P (%)
晋牧1号*	14.7	8.0	23.5	—	55.95	30.00	0.81	0.25

注：农业农村部全国草业产品质量监督检验测试中心连续2年测定结果。

晋牧1号高丹草种子

晋牧1号高丹草单株

晋牧1号高丹草示范田

晋牧1号高丹草大田

苏牧3号苏丹草-拟高粱杂交种

苏牧3号苏丹草-拟高粱杂交种（*Sorghum sudanense* × *S. propinquum*‘Sumu No.3’）是以日本引进的一年生苏丹草自交系2098为母本、多年生野生种质资源拟高粱为父本，远缘杂交后，历经9个世代定向选择而成。由江苏省农业科学院畜牧研究所于2020年12月3日登记，登记号599。该品种具有多年生、中抗叶斑病的特性。多年多点比较试验证明，苏牧3号苏丹草-拟高粱杂交种抗寒性强于摩特矮象草和盈江危地马拉草；比苏牧3号苏丹草增产15%以上，在江苏、浙江、江西等地的平均干草产量为17 239kg/hm^2，其中最高年份的干草产量可达23 598kg/hm^2。

1 品种介绍

禾本科高粱属多年生草本植物；根系发达、有根状茎，大部分根量分布在30～50cm土层，可深达0.8m左右；茎秆直立、茎粗约17mm、茎节约13个，节间长约26cm，抽穗期株高3.4～3.6m；叶长披针形，长80～125cm、宽4.5～5.5cm，叶深绿，叶脉淡黄色，叶柄具沟槽；圆锥花序，穗长35～52cm，小花粉紫色；种子呈一面偏平的椭圆形，红棕至棕褐色，种子长约3.9mm、宽约1.9mm，千粒重约2.6g。

种子发芽的最低温度为8～10℃，适宜发芽温度为15～20℃，昼夜温差大有利于发芽出苗。性喜湿热气候，温度达25～35℃时生长旺盛，最高温度达40℃时植株仍能正常生长；

耐寒性强，在江苏南京及其以南地区可自然越冬返青；在长江中下游及其以南地区，海拔800～2 800m的山区生长良好。对土壤要求不严，只要排水良好，都能生长，尤以疏松的壤土或沙壤土更佳；土壤适宜pH为5.3～8.0，盐含量3‰～4‰时直接播种出苗困难，采用育苗移栽，盐含量4‰～6‰时仍能正常生长，盐含量高于9‰时生长量极小。

2 适宜区域

全国各地均可栽培，极端气温在−13℃以上的地区作为多年生牧草种植，其他适于苏丹草种植地区可作为一年生牧草种植。在长江中下游及其以南地区，4—6月播种，10月中下旬收获种子；年最低气温10℃以上的区域通常一年可种子收获2次，第一次3月下旬至4月下旬、第二次9—10月，种子成熟后易落粒，应注意及时收获，生育天数113～205d。

3 栽培技术

3.1 选地

对土壤要求不严，农田和荒坡地均可栽培，尤以疏松的壤土或沙壤土为适宜，大面积种植时选择较开阔平整的地块，以便机械作业。进行种子生产的地块，宜选择周围3km以内无高粱属植物、光照充足、排灌良好的地块。

3.2 土地整理

种子细小，需要深耕精细整地。播种前清除产地残茬、杂草、杂物，耕翻、平整土地；杂草严重时，栽种前14d可用除草剂处理后再翻耕。在土壤黏重、降雨较多的地区要开挖排水沟。

3.3 播种技术

气温10℃以上即可播种，播种量为7.5～15kg/hm^2，播种深度为1～2cm，株行距（20～30）cm×（30～40）cm，播种时浇透水，10d内保持土壤湿润，也可种子育苗移栽或根茎苗栽植。

3.4 水肥管理

在翻耕前施基肥（农家肥、厩肥）15 000～30 000kg/hm^{2}或施用复合肥（N：P_2O：K_2O=15：15：15）450～600kg/hm^2；作为刈割草地利用时，在幼苗3～4片真叶时要根据苗情及时追施苗肥，使用尿素或复合肥，施用量为75kg/hm^2，可行间条施。每次刈割后施硫酸铵或尿素150～225kg/hm^2，在降雨不多的情况下，最好结合灌水施肥。作为种子生产时，每年在株高40cm左右时，根据苗情追施一次复合肥（N：P_2O：K_2O=15：15：15）600kg/hm^2；在年降水量1 000mm以上地区基本不用灌溉，春季干旱时灌溉有利于返青，但在降水量少的地区或出现明显的季节性干旱，适当灌溉可提高生物产量，多雨季节要及时排水，防治涝害发生。

3.5 病虫杂草防控

田间杂草防除可参见高粱田除草剂使用方法，栽种前14d可用灭生性除草剂草甘膦等，生长期防除双子叶植物也可用使它隆（氯氟吡氧乙酸），对于一年生杂草，也可通过及时刈割进行防除。种植早期无明显病害发生，遇高温高湿气候，若出现叶斑病，以收草为目的，可采用刈割减少病原；以收种子为目的，可用波尔多液、石硫合剂喷洒防治。虫害主要为蚜虫，可用低毒、低残留药剂烯啶•吡蚜酮进行喷洒。

4 生产利用

该品种叶含量高，根据农业农村部农产加工品监督检验测试中心（南京）检测，株高2m左右第一茬草（以干物质计）粗蛋白含量14.6%、粗纤维含量39.2%、中性洗涤纤维含量62.7%、酸性洗涤纤维含量31.75%、粗脂肪含量3.1%、粗灰分含量10.8%、钙含量0.58%、总磷含量0.30%。

适宜作为多年生牧草地利用，也可一年生种植利用。第一茬刈割在株高1.5～2.0m，留茬高8～10cm，种植当年刈割不超过2次，有利于越冬，自然返青第二年开始可刈割3～6次，常年初霜前20d停止刈割，秋冬季可复播苕子或其他冷季型豆科牧草。

苏牧3号苏丹草-拟高粱杂交种主要营养成分表（以风干物计）

生育期	CP (%)	EE (g/kg)	CF (%)	NDF (%)	ADF (%)	Ash (%)	Ca (%)	P (%)
分枝期	14.6	3.1	39.2	62.7	31.75	10.8	0.58	0.30

注：数据来源于农业农村部农产加工品监督检验测试中心（南京）检测测定结果。

苏牧3号苏丹草-拟高粱杂交种群体

苏牧3号苏丹草-拟高粱杂交种单株

苏牧3号苏丹草-拟高粱杂交种小花

苏牧3号苏丹草-拟高粱杂交种种子

龙牧1号羊草

龙牧1号羊草［*Leymus chinensis*（Trin.）Tzvel ‘Longmu No.1’］是以野生羊草为原始材料，采用混合单株选择法选育而成。由黑龙江省农业科学院畜牧兽医分院（原黑龙江省畜牧研究所）于2020年12月3日登记，登记号601。该品种具有很强的适应性、产草量高、抗寒抗旱、耐盐碱、叶量丰富、品质优良等特性。多年多点比较试验证明，平均干草产量为8 647.67～10 268.33kg/hm^2，较对照品种（吉生1号）增产10.88%～18.15%，较对照品种（中科1号）增产3.98%～24.98%。

1 品种介绍

禾本科赖草属多年生优质牧草。株高115cm以上，具发达的地下横走根状茎；茎秆直立，单生成疏丛型。叶片扁平，质硬而厚，灰绿色。穗状花序，长12～18cm，小穗有花5～12朵。种子细小呈长椭圆形，深褐色，千粒重2.0g左右。

抗寒耐旱，适应性广。早春返青早，在黑龙江省4月上中旬左右即可返青，生育天数100d左右。抗寒性强，在冬季气温−39℃、无雪覆盖可安全越冬，越冬率达99%以上；耐旱，在年降水量220～400mm的地区，生长良好；对土壤要求不严，最适宜在肥沃的壤土和黏壤土生长；耐瘠薄、耐盐碱，在土壤pH为8.5及贫瘠沙质土壤上均表现出高产稳产。

2 适宜区域

适宜在黑龙江、吉林、内蒙古、辽宁等地推广种植。

3 栽培技术

3.1 选地

羊草对土壤要求不严，耐碱性很强，能在pH 6.0～9.0的土壤中正常生长，除低洼易涝地外均可种植。对瘠薄的土壤具有较好的适应性，过牧退化草地和退耕还牧地都适宜种植羊草。但羊草喜欢生长在排水良好、通气、疏松的土壤及肥沃、湿润的黑钙土上。

3.2 整地

种子细小，发芽率低，出苗困难。因此，播前必须精细整地，做到土壤细碎、地面平整。对播种地块，可前一年进行秋翻耙耱，加快土壤腐熟。保持良好的墒情，一般深翻20cm，盐碱地则注意把表土浅翻轻耙或深松土，是羊草出好苗、提高保苗率的基础。

3.3 播前除草

羊草幼苗出土软弱、纤细，生长极为缓慢，易受杂草危害，死亡率较高。因此，播前彻底消灭杂草是羊草幼苗生长发育好坏和草地生产力高低的关键措施之一。灭草时期和次数可根据田间杂草发生期和数量而定。

3.4 种子处理

羊草种子纯净度低，发芽率低，并混有杂物。因此，播前必须清选，将茎秆及其他杂质清除掉，提高种子质量及发芽率，有利于播种及保苗。

3.5 播种

播种期：羊草种子发芽时需要较高的温度和充足的水分。在黑龙江西部地区播种时间以夏季雨前为宜。一般不超过7月下旬，过晚幼苗太小，不易越冬。

播种量：一般为45～60kg/hm^2。如播量过小，抓不住苗，易受杂草危害；播量太大，幼苗纤细，影响根茎发育，又浪费种子。

播种方式：宜条播或撒播，条播行距15～30cm，撒播将播种机上的开沟器卸掉，种子自然脱落地表，作业中应经常疏通排种管，以防堵塞。由于羊草侵占性强，宜单播，不宜与其他牧草混播，特别是豆科牧草。

播种深度：种子的覆土深浅，对出苗的生长发育均有明显影响，一般以1～2cm为好。播后镇压1～2次，以利保墒，促进发芽。

3.6 田间管理

播种当年生长缓慢，植株细弱，竞争力低，易受杂草控制。因此，在播前或播后及时消灭杂草，可采用人工除草及化学除草方法，以播前灭草效果为最好。

在羊草草地上增施氮肥效果明显，特别是有灌溉条件，效果更佳。据黑龙江省畜牧研究所试验，每千克硝酸铵可增产干草13kg，每千克氮素可增产干草30kg左右。在退化的羊草草地上灌水10～20kg/m^2，当年比对照增产43.7%。

羊草为根茎性禾草，生长年限过长，根茎纵横交错，形成坚硬草皮，通气性变差，采取不同的改良措施，如封育、深松、补播、浅翻、轻耙等措施，促进羊草无性更新，增加土壤通气状况，使草群保持较长时间高产。

4 生产利用

羊草是我国东北、华北、西北等干旱草原地区优良的多年生野生牧草。抗寒、耐旱、耐践踏、耐瘠薄、耐盐碱，具有广泛的适应性，是优良的禾本科牧草。每公顷干草产量为2 250～4 500kg，高者达7500kg。羊草具有较高的饲用价值，适口性好、营养丰富，可放牧、调制干草及青贮，是牛、羊、马等家畜的优质饲料。优质干草也是我国出口的主要牧草产品之一。

粗蛋白质含量是牧草品质的重要指标，龙牧1号羊草抽穗期风干样，其粗蛋白质含量为13.34%，粗脂肪含量为4.38%，粗纤维含量为22.3%，吸附水含量为10.24%，无氮浸出物含量为41.76%，粗灰含量为7.98%，钙含量为0.98%，磷含量为0.21%。龙牧1号羊草粗蛋白质含量高、叶量丰富、草质柔软，是建植人工草地和退化草场改良治理的优质禾本科牧草。

羊草草地是优良的割草场，通常一年内刈割一次，刈割时间一般以8月下旬为宜，留茬高度5～8cm；有条件灌溉和施肥的可一年多刈，以两次刈割为宜，首次刈割时间应该定为7月中旬，第二次刈割时间选在9月中旬。收割时应选择晴朗天气进行，刈割后晾晒1d即可用人工或机械搂成草条，使之慢慢阴干，然后将草条集成大堆，待其含水量降至15%左右便可集垛或加工成干草捆。

羊草是优良牧草，亦可供放牧用。在4月下旬至6月上旬，羊草拔节至孕穗期的40d左右为放牧适期。此时正是羊草生长快，草质嫩，适口性好，牲畜急需补青的时期。牲畜早春在羊草草地放牧，必须轻牧，以防草地退化。长势良好的羊草草地，每公顷每次牧牛不超过45头，羊不超过105只，放牧

1～2d，隔10d左右再放牧1次。羊草到抽穗时草质老化，适口性降低，即应停牧。

龙牧1号羊草主要营养成分表（以风干物计）

生育期	吸附水（%）	CP（%）	EE（%）	CF（%）	NFE（%）	CA（%）	Ca（%）	P（%）
抽穗期[a]	10.24	13.34	4.38	22.30	41.76	7.98	0.98	0.21
抽穗期[b]	10.29	12.66	4.43	22.68	42.38	7.56	0.83	0.26

注：a为农业农村部全国草业产品质量监督检验测试中心测定结果；b为农业农村部谷物及制品质量监督检验测试中心（哈尔滨）测定结果。

龙牧1号群体

龙牧1号叶

龙牧1号单株（左）

龙牧1号穗

冀饲4号小黑麦

冀饲4号饲用小黑麦（*Triticale wittmack* ‘Jisi No.4’）是以饲用小黑麦NTH1 888为母本，以饲用小黑麦NTH1 933为父本，采用常规育种方法培育而成的新品种。由河北省农林科学院旱作农业研究所于2020年12月3日审定登记，登记号593。该品种丰产性显著，经多年多点比较试验证明，冀饲4号饲用小黑麦平均干草产量12 375.1kg/hm^2，最高年份干草产量15 698.8kg/hm^2。

1 品种介绍

禾本科小黑麦属一年生草本植物，六倍体。株高165cm左右，须根系，茎秆较粗壮、叶量丰富，茎叶颜色灰绿。复穗状花序，小穗多花，护颖绿色，花药黄色，自花授粉，结实性强。穗长纺锤形，长芒，每穗粒数45粒左右，千粒重47.45g，籽粒棕色，长卵形，腹沟明显。

该品种适应性广，对土壤条件要求不严，适宜黄淮海区域利用冬春季节生产，也可在长江流域秋播利用。抗旱性强，抗三锈病，对白粉病免疫。孕穗期之前刈割可再生。河北省中南部乳熟期一般在5月中旬，籽实成熟期在6月中旬，生育期230～250d，有利于后茬作物的安排。

2 适宜区域

在黄淮海地区及长江中下游地区可秋播越冬种植，作青饲、青贮、晒制干草均可推广应用。

3 栽培技术

3.1 选地

该品种适应性较强，对生产地要求不严，秋冬闲田、旱薄、闲散、荒地以及低龄林地、果园或行距较大的成龄果园均可间作种植。

3.2 土地整理

需精细整地，应达到地面平整、无坷垃。结合整地施足基肥，一般底施纯N 150kg/hm^2、P_2O_5 225kg/hm^2。

3.3 播种技术

地下虫害易发区可使用药剂拌种或种子包衣进行防治，采用甲基辛硫磷拌种防治蛴螬、蝼蛄等地下害虫。播种期与当地冬小麦播种期基本一致，黄淮海平原一般在10月。播种量一般采用150kg/hm^2，黄淮海平原适宜播期后，播期每错后一天，播量增加7.5kg/hm^2。以收获种子为目的时应稀播，播种量45～75kg/hm^2。一般采用小麦播种机播种即可，以条播为主，播种深度控制在3～4cm、行距18～20cm，播后及时镇压。

3.4 水肥管理

春季返青期至拔节期依据降雨情况确定是否灌溉，海河平原区一般年份需要在3月底至4月初进行1次灌溉，最晚须在清明节前完成，灌水量一般为450～675m^3/hm^2。结合灌溉进行追肥，一般追施尿素225kg/hm^2。

3.5 病虫杂草防控

一般无病害发生。根据虫害发生情况，及时进行防治。蚜虫多在抽穗期发生危害，一般情况无须防治，特别严重时，优先选用植物源农药防治，可使用0.3%的印楝素90～150ml/hm²或10%的吡虫啉300～450g/hm²。在刈割前15d内不得使用农药。

4 生产利用

冀饲4号饲用小黑麦是适宜黄淮海地区及长江中下游地区秋冬闲田种植的优质禾本科饲草。该品种具有较高的饲草产量和营养价值，作鲜草、青贮、干草均可，牛、羊、兔、猪、鱼、鹅均喜食。可根据利用目的确定适宜刈割期，青饲可在拔节后期或株高达30cm左右时刈割，每年可刈割2次。青贮、调制干草时，在乳熟期和抽穗期一次性刈割。

冀饲4号主要营养成分表（以风干物计）

生育期	CP (%)	EE (g/kg)	CF (%)	NDF (%)	ADF (%)	CA (%)	Ca (%)	P (%)
乳熟期	8.5	23.9	30.2	58.5	35.0	0.42	0.13	—

注：数据由农业农村部全国草业产品质量监督检验测试中心提供。

冀饲4号群体

冀饲4号穗

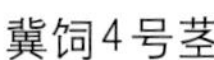
冀饲4号茎

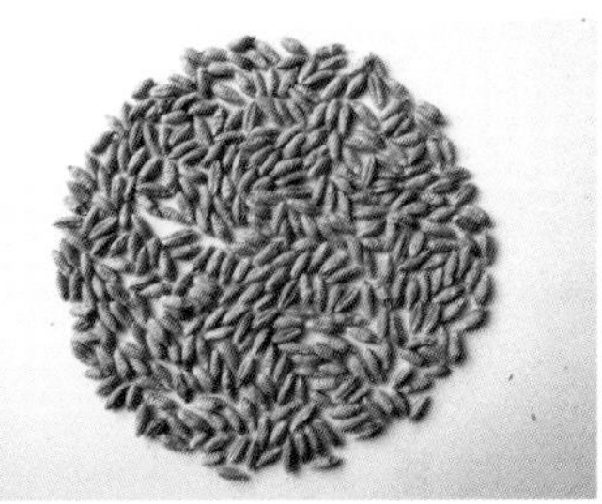

冀饲4号种子

甘农1号黑麦

甘农1号黑麦（*Secale cereale* L.‘Gannong No.1’）是以二倍体黑麦品种Bevy为母本、Ryesun为父本，于2007年进行有性杂交，在甘肃省临洮县气候寒冷、锈病多发、人工接种锈病混合菌种诱发锈病的条件下，采用系谱法选育而得到的草产量高、饲草品质好、抗寒性强、抗锈病的黑麦新品系。由甘肃农业大学于2020年12月3日审定登记，登记号588。多年多点区域试验表明，甘农1号黑麦的干草产量为11 940kg/hm^2。

1 品种介绍

甘农1号黑麦为黑麦属一年生草本植物，是二倍体黑麦品种，中熟，须根发达，入土较浅。茎秆纤细直立，株高160～183cm，具5～6节。分蘖力较强，达3～7个。穗状花序顶生，穗长11～15cm。小穗数24～30个，互生，每小穗含2～3朵小花，顶部小花不育。穗粒数89～100个，穗粒重1.66～2.53g，千粒重38.24g。护颖狭长，外颖脊上有纤毛，先端有芒。颖果细长呈卵形，基部钝，先端尖，腹沟浅，浅绿色。种子产量8 260kg/hm^2。青干草的营养成分分别为，粗蛋白10.32%～11.64%，中性洗涤纤维53.16%～56.43%，酸性洗涤纤维37.48%～42.15%，粗脂肪2.52%～3.15%，粗灰分10.35%～11.25%，吸附水6.12%～6.75%，钙0.29%～0.32%，全磷0.75%～0.81%。

甘农1号黑麦抗寒性强，在甘肃省临洮县，其茎秆以青绿色越冬，种子发芽最低温为6～8℃，22～25℃时4～5d即可发芽出苗，幼苗可耐5～6℃低温。青藏高原高寒牧区4月底至5月初播种，能够正常生长。抗倒伏性中等，虽有一定抗倒伏性，但如果施肥量太大或降水量太多，会出现大面积倒伏。甘农1号黑麦抗病性强。抗白粉病、黄矮病，对条锈病免疫。抗旱性较强，适宜于青藏高原高寒牧区降水量较低区域种植。

2 适宜区域

甘农1号黑麦适宜于青海同德和铁卜加，拉萨曲水，四川道孚、红原和西昌，以及甘肃合作等青藏高寒牧区及其他气候相似区种植。海拔低于2 000m的地区适宜于秋闲田种植，以生产饲草或种子。海拔2 000～3 635m的区域适宜于生产干草，为家畜提供高产优质饲草。

3 栽培技术

3.1 选地

该品种适应性较强，对土地要求不严，耕地和荒坡地均可种植。大面积种植时，应选择地势开阔、土地平整、土层深厚、杂草较少、病虫鼠雀等危害轻，相对集中连片的地块，以便于机械化作业。

3.2 土地整理

种植甘农1号黑麦前，需要对土地进行基本耕作和表土耕作，以使土地平整。播种前施有机肥30 000～45 000kg/hm^{2}或磷酸二铵300kg/hm^2。

3.3 播种技术

3.3.1 种子处理

甘农1号黑麦种子携带的病菌较少，一般不需要对种子进行处理。

3.3.2 播种期

海拔大于3 000m的区域适宜春播，4月下旬至5月上旬播种，海拔低于3 000m的区域适宜秋播，9月中下旬播种。

3.3.3 播种量

饲草生产田的播种量为150kg/hm^2，种子生产田的播种量为120kg/hm^2。

3.3.4 播种方式

条播或撒播。条播时播种行距15cm，播种深度3～4cm。也可撒播，撒播后旋耕，旋耕深度4～5cm，需要适当增大播种量。

3.4 水肥管理

秋播时，翌年返青期和拔节期分别追施尿素75kg/hm^2。春播时，出苗期和拔节期分别追施尿素75kg/hm^2。施肥后及时灌水（如果有灌溉条件）或在下雨前施肥，以防烧苗。种子生产田返青（出苗）期和拔节期分别追施尿素75kg/hm^2。

3.5 病虫杂草防控

甘农1号黑麦抗黄矮病和白粉病，对白粉病免疫，生长发育期间不需要喷施农药。

偶有蚜虫危害，不需要防治，或叶面喷施草木灰。按1：5比例，将草木灰浸泡在水中24h，过滤，每隔7～8d喷施1次，连续喷3次。

秋播田杂草危害较轻，不需要喷施除草剂。春播田杂草危害较重，苗期待杂草长出后，用72% 2,4–滴丁酯乳油防除，用量750ml/hm^2，兑水300kg/hm^2，叶面喷施。

4 生产利用

甘农1号黑麦可青饲、调制青干草和青贮饲料。青饲和调制青干草时抽穗期刈割；田间晾晒7～8d，待饲草含水量降至15%以下时打捆，贮存备用；调制青贮饲料时应在蜡熟期刈割，裹包青贮或窖贮。

甘农1号黑麦群体

甘农1号黑麦种子

陇燕5号燕麦

陇燕5号燕麦（*Avena sativa* L. ‘Longyan No.5’）是以青永久409为母本、以高代品系DA92-2-F6为父本人工杂交后，经系谱法选育而成的燕麦新品种。由甘肃农业大学于2020年12月3号登记，登记号602。该品种丰产性显著，多年多点比较试验证明，陇燕5号燕麦干草产量较对照青引2号和陇燕3号平均增产10%以上，平均干草产量12 595kg/hm^2。

1 品种介绍

禾本科燕麦属一年生草本，春性；须根系；茎中空，植株分蘖数4～5个，成熟期株高145～155cm；叶色深绿；自花授粉，圆锥花序，小花浅黄色，每小穗2～4朵小花，周散形穗；穗长15～20cm，每穗小穗数20～25个，穗粒数30～40个，穗粒重1.5～2.0g；颖果纺锤形，颖壳黄白色，千粒重32～34g。

种子在2～4℃时即可发芽，幼苗可耐−4～−3℃低温。燕麦性喜凉爽，不耐高温，气温超过30℃生长受阻。最适生长环境温度15～20℃，在北方冷凉地区表现优异。炎热干燥对生长发育不利，会降低株高、减少分蘖，导致早熟、灌浆不充分，显著降低产量。对土壤要求不严，性喜较肥沃的壤土，有一定的耐盐性，土壤适宜pH为5.5～8.0。高抗黑穗病，中抗大麦黄矮病毒引起的燕麦红叶病。

适宜春播，在土壤含水量10%以上、地温5℃以上时即可播种。在海拔2 500m左右的地区，生育期为120d左右。

2 适宜区域

适宜范围广，北方地区均可栽培，但最适宜在夏季凉爽的地区生长，我国青藏高原及其周边高海拔冷凉地区是其适宜生长区域。

3 栽培技术

3.1 选地

大面积种植时应选择较开阔平整的地块，以便机械作业。该品种适应性强，在旱薄地、盐碱地、沙壤土中长势良好。但燕麦不宜连作，选地时最好以豆类或胡麻、马铃薯等为前茬作物。

3.2 土地整理

燕麦是须根系作物，85%以上的根系分布在0～30cm的耕作层里。因此，一般要深耕25～30cm，耕后及时耙耱。深耕要根据土壤性质和结构来定。一般黏土和壤土宜深，沙土宜浅。结合深耕，施30 000～37 500kg/hm^{2}腐熟的厩肥，犁翻入土。播种时，播种沟内施60～75kg/hm^{2}复合肥作种肥。

3.3 播种技术

3.3.1 种子处理

播前晒种1～2d，可以提高出苗率。在病虫害多发地区，可用杀虫剂或杀菌剂拌种。

3.3.2 播种期

以收获籽粒为目的，在海拔2 000m以下地区适宜播期为3月中旬至4月上旬，海拔2 000m以上地区的适宜播期为4月中下旬。以收获饲草为目的，播种时间可根据当地具体情况灵活掌握。青藏高原高海拔地区播期可延至5月底6月初。

3.3.3 播种量

根据利用目的而定。以生产青干草为目的，播种量为180～210kg/hm²；以生产种子为目的，播种量为150～180kg/hm²。

3.3.4 播种方式

可采用条播或撒播，生产中以条播为主，播深3～5cm。条播时，以收草为主要利用方式的，行距15～20cm；以收种子为目的时，行距为25～30cm。

3.4 水肥管理

有灌溉条件的地区，在分蘖期、拔节期和开花期可进行灌溉。燕麦不耐积水，在雨涝时必须及时排水。分蘖期或拔节孕穗期，可结合灌溉或降雨进行追肥，追施尿素75～90kg/hm²。

3.5 病虫杂草防控

燕麦主要病害有红叶病、白粉病和叶斑病等。红叶病主要由蚜虫传播，因此在防治时以防蚜虫为主，可用25%吡虫啉防治；燕麦白粉病和锈病在始发期及时喷洒20%三唑酮或12.5%戊唑醇防治。黏虫可用80%敌百虫或20%速灭杀丁乳油喷雾防治。对于地下害虫，可用75%甲拌磷颗粒剂15.0～22.5kg/hm²或50%辛硫磷乳油3.75kg/hm²配成毒土，均匀撒在地面，耕翻于土壤中防治。

如果杂草太多，可用化学除草。播后苗前可用48%仲丁灵处理土壤，防除杂草效果较好；在苗期可使用40%二甲辛酰溴，选晴天、无风、无露水时均匀喷施，防治效果较好。

4 生产利用

燕麦可在开花至灌浆初期刈割，生产优质青干草。据甘肃省农业科学院农业测试中心检测，灌浆期（以干物质计）粗蛋白含量11.44%、粗脂肪2.99%、酸性洗涤纤维35.6%。如果制作青贮，可在乳熟期刈割。种子生产时，要在穗上部的籽粒达到完熟、穗下部籽粒蜡熟时收获。

陇燕5号单株

陇燕5号群体

陇燕5号花序

陇燕5号种子

苏特燕麦

苏特燕麦（*Avena sativa* L.‘Shooter’）引自美国，2013年由北美官方种子认证机构登记为燕麦新品种Shooter，该品种是利用燕麦品种Intimidator（大汉）的田间异花传粉导致的一个变异单株经连续单株选择而育成，在株高、叶长、叶宽和分蘖数上都显著高于Intimidator。为满足我国西南地区农区冬闲田饲用燕麦种植，2013年苏特燕麦由北京正道农业股份有限公司（原北京正道生态科技有限公司）从美国引入中国，由四川省草原科学研究院、四川农业大学和北京正道农业股份有限公司于2020年12月3日登记的引进品种，登记号589。该品种具有显著丰产性，多年多点比较试验证明，苏特燕麦平均干草产量为10 905.76kg/hm^2，比对照品种青引2号燕麦和陇燕3号燕麦分别增产12.97%和16.29%。

1 品种介绍

禾本科一年生冷季型草本植物。植株高大，高140～170cm。须根发达，茎直立光滑。叶片扁平宽大，深绿色，长40～60cm、宽2～3cm。圆锥花序开散，小穗柄弯曲下垂，每小穗含2～4朵小花。颖果纺锤形，种子千粒重为30～40g。

喜冷凉气候，叶量丰富，细嫩多汁，适口性好，可消化率高，抗逆性和抗病性强。

2 适宜区域

主要适宜我国西南地区的农区平坝、丘陵区域，用于秋季冬闲田种植；也可在西南地区2 000～2 500m的高海拔地区或温度相似的北方地区进行春播生产；尤其适宜在四川川东地区、贵州和重庆种植。

3 栽培技术

3.1 整地

播种前整地，除净杂草和杂物，施足基肥，一般按钙镁磷肥600kg/hm^{2}或复合肥150kg/hm^{2}施用。

3.2 播种

在我国西南农区播种适宜在9月下旬至10月中旬进行，在高海拔地区春播。以条播为宜，条播行距30cm，播种深度1cm左右，播种量为250kg/hm^2。

3.3 苗期管理

苗期需要除杂草，同时注意防止地老虎等害虫。分蘖初期或中期施尿素70kg/hm^{2}作为提苗肥，孕穗期再施尿素70kg/hm^2。

3.4 刈割时间

在抽穗期刈割品质好，在此期间刈割可用作青饲料；如果要获得更高产量，可在初花期刈割，可进行干草和青贮加工。

苏特燕麦主要营养成分表（以风干样计）

样品名称	水分(%)	CP(%)	EE(g/kg)	CF(%)	NDF(%)	ADF(%)	Ash(%)	Ca(%)	P(%)
苏特	9.7	11.6	21.9	32.1	60.5	36.5	0.48	0.19	—

注：数据由农业农村部全国草业产品质量监督检验测试中心提供；各指标数据均以风干样为基础。

苏特燕麦群体

苏特燕麦单株

苏特燕麦穗

苏特燕麦种子

江夏扁穗雀麦

江夏扁穗雀麦（*Bromus cartharticus* Vahl. 'Jiangxia'）是湖北省农业科学院畜牧兽医研究所针对我国长江中游地区冬季青绿饲料缺乏和优质牧草种植草种单一现状，以扁穗雀麦散逸种为原始材料，采用系统选育方法，经过多次单株选择，再进行株系比较形成的牧草新品种。2012年6月29日通过全国草品种审定委员审定登记，登记号445。江夏扁穗雀麦植株高大、叶量丰富，分蘖和再生能力强，年可刈割3～4次，生物产量高，平均鲜、干草产量51 609kg/hm^{2}和9 372kg/hm^2，适宜在长江中下游及以南地区推广种植。

1 品种介绍

禾本科雀麦属一年生或短期多年生植物，疏丛型，须根。茎直立，成熟期株高120～150cm，有时高达170cm左右。叶片窄长披针形，光滑无毛，叶长36～50cm，叶宽1.1～1.5cm，叶舌膜质，叶鞘被短茸毛，后渐脱落。圆锥花序，开展疏松，长39～43cm。小穗极压扁，长3.0～3.5cm、宽0.5～1.2mm，常含小花数7～8个、多者12个，外稃顶端有小芒尖。颖果浅黄色，长条形，极压扁，种子较大，千粒重11.2g。

喜温暖湿润气候，种子发芽最适温度25～30℃，当温度降低到10℃或升高到40℃时，发芽率为零。植株生长最适温度20～25℃，气温超过35℃时生长缓慢。在北方如青海不能越冬，表现为一年生；在长江流域及以南地区表现为短期多年生。抗寒性强，在外界温度下降到−9℃仍保持青绿。喜肥沃黏重土壤，也可在盐碱或酸性土壤生长。北方4月播种，6月抽穗，8月种子成熟，生育期约122d。长江中下游9月播种，翌年3月拔节，4月抽穗开花，5月底种子成熟，生育期208～230d。

2 适宜区域

适宜我国长江流域及以南地区推广种植。

3 栽培技术

3.1 选地

选择土壤肥力中等的地块，也可利用废弃荒地和冬闲田，低洼或易积水地块则需要开沟，便于机械播种收获的平整地块最好。

3.2 土地整理

播前对土地清除杂物、石块，前茬有严重根状茎杂草的地块，选择晴天喷施灭生性除草剂彻底清除杂草；如仅为阔叶类或一年生豆禾类植物，可通过多次旋耕来清除杂草。旋耕深度20～30cm，同时施有机肥30 000～45 000kg/hm^{2}或复合肥300～450kg/hm^{2}作底肥，耙平，开畦3～5m待播。

3.3 播种技术

3.3.1 种子处理

该品种当年收获的种子发芽率高达90%以上，且种子相对较大，建植草地容易。但扁穗雀麦在抽穗期易出现黑穗病，因此在播种前通过拌种或浸种进行预防。一是在播种前用20%的多菌灵拌种，用药量为种子量的1%；或用12g/kg的福美双拌种。二是用20～30℃水浸种3～4h，然后取出晾干播种。

3.3.2 播种期

长江流域及以南地区适宜秋播，播种时间9—11月，尤以9月下旬最佳，既可避开秋季伏旱，又可在冬季给家畜提供饲草。播种时间不易太晚，否则影响全年牧草产量。

3.3.3 播种量

刈割利用，条播，播种量37.5～45kg/hm^2；撒播，加大用量30%～50%。收获种子，以条播最好，播种量15.0～22.5kg/hm^2。

3.3.4 播种方式

条播、撒播均可，但为便于后期管理，以条播最佳。以割草利用为目的，行距20～30cm；以收获种子为目的，行距40～50cm。播种深度2～3cm，太深容易造成出苗不均。

3.4 水肥管理

在长江中下游地区，如播种时间推迟到10月下旬，经常会遇到秋旱，这时就需要加强灌溉以利种子出苗。出苗期浇水以土层5～8cm湿润为好，且最后持续到幼苗生长健壮为止，否则易出现灌溉期间土壤表面板结，从而造成发芽的种子再次受旱死亡的现象。在植株生长后期，一般不需要灌溉，但需要注意持续降雨或暴雨时地块排水。

分蘖期和每次利用后适当追施尿素有利于提高牧草产量，一般施尿素120～150kg/hm^2。种子田，抽穗后不再追施速效肥，否则植株易倒伏，从而影响种子产量。生长后期可视情况追施磷肥，一般施过磷酸钙150～225kg/hm^2。

3.5 病虫杂草防控

出苗期生长较慢，注意除杂。生长期很少发生虫害，开花期偶有黑穗病发生，一般可通过播前拌种预防，也可在抽穗初期喷施多菌灵。实际生产中，还可通过及时刈割来提高光照和空气的通透性以减少病害发生。草地喷施农药后，半个月内尽量不饲喂家畜。

4 生产利用

江夏扁穗雀麦叶量丰富、质地柔软、适口性好。据农业农村部全国草业产品质量监督检验测试中心检测，抽穗期（以干物质计）粗蛋白含量19.8%、粗脂含量3.39%、粗纤维含量24.3g/kg、中性洗涤纤维含量53.3%、酸性洗涤纤维含量30.2%、粗灰分含量8.1%、钙含量0.64%、磷含量0.26%。

在生产中利用方式多种，如刈割直接青饲，在株高40～50cm时即可，留茬高度4～6cm，现割现喂，吃多少割多少。在长江流域及其以南地区，调制干草受外界气候影响较大，该放牧在植株高度30cm左右进行，需要掌控放牧强度，避免因过度放牧造成草地快速退化。作收种用时，既可直接在成熟期收获，也可在前期利用鲜草1～2次后留种，这样有利于避免植株生长旺盛发生倒伏造成种子损失。成熟种子有一定的落粒性，因此在80%的种子达到蜡熟期收获最好。另外，还可用于南方草山草坡改良，补播江夏扁穗雀麦有利于混播草地返青期牧草产量的快速增加。

江夏扁穗雀麦主要营养成分表（以风干物计）

生育期	CP (%)	EE (%)	CF (%)	NDF (%)	ADF (%)	CA (%)	Ca (%)	P (%)
抽穗期	19.8	3.39	24.3	53.3	30.2	8.1	0.64	0.26

注：数据由农业农村部全国草业产品质量监督检验测试中心测定。

江夏扁穗雀麦单株

江夏扁穗雀麦群体

江夏扁穗雀麦小穗

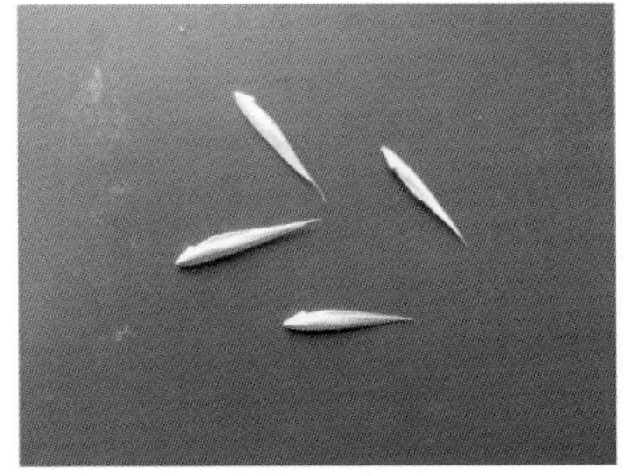

江夏扁穗雀麦种子

川西扁穗雀麦

川西扁穗雀麦（*Bromus carthartics* Vahl. 'Chuanxi'）是在野生扁穗雀麦种质资源进行综合评价中发现来自四川省雅安市石棉县栗子坪乡的野生种质具有植株高大粗壮、分蘖多、生物量和种子产量高等优势，经多年连续单株选择最终选育出野生栽培驯化品种。由四川农业大学和四川省草原科学研究院于2020年12月3日登记，登记号592。该品种具有显著的丰产性。多年多点区域试验表明，川西扁穗雀麦平均干草产量达13 800kg/hm^2，最高干草产量达23 520kg/hm^2。在四川盆地周边丘陵山区，平均鲜草产量可达88 640kg/hm^2，干草产量为11 060kg/hm^2，种子产量可达1 700～2 100kg/hm^2。

1 品种介绍

禾本科雀麦属一年生或短期多年生草本植物，须根系，根系发达；茎秆直立，粗壮，略扁平，中空，株高130～170cm，丛生，具5～7节，茎粗0.6～0.8cm，茎部叶鞘有较密集柔毛，后渐脱落；叶青绿色，较浅，叶量丰富，叶长35～45cm、叶宽0.9～1.7cm，叶舌膜质；圆锥花序疏松，长15～20cm，小穗两侧极压扁，含6～11朵小花；种子呈淡黄色，有芒，种子长1～1.6cm，千粒重8～10g，结实率高，单穗种子粒数90～200粒，成熟种子易脱落；六倍体（2n=42）。

在长江流域以北地区表现为一年生或越年生，长江流域以南及西南中低海拔地区的良好栽培条件下可生长2～4年。性喜温暖湿润气候，最适宜生长气温10～25℃，不耐35℃以上高温。耐旱，不耐积水。喜肥沃黏重的土壤，也能在盐碱地及酸性土壤良好生长。在北方多为春播，在南方春、秋均可播种。秋播9月下旬播种，每年度可刈割3～4次，翌年4月下旬抽穗，5月下旬种子成熟，生育期可达230d左右。如生产种子，可在乳熟后期收获2次种子。

2 适宜地区

适宜范围广，最适于长江中上游及云贵高原海拔1 000～3 000m的高原、丘陵和山地种植，在华北和西北地区也可作为一年生牧草利用。

3 栽培技术

3.1 选地

适宜在海拔1 000～3 000m，≥10℃活动积温为2 000～5 500℃的地区及其类似生态区域种植。该品种适应性较强，对生产用地要求不严，农田和坡荒地均可栽培，大面积种植选择土层厚、肥力好、酸碱性适宜、杂草种子较少的开阔平整地块，便于机械化操作。

3.2 土地整理

播种前将除草剂和杀虫剂施于土壤表面，并用钉齿耙、旋转耙等均匀地混入浅土层中，当药层内的杂草萌芽或穿过药层时杂草吸收药剂而死亡，同时也能杀除浅土层中的害虫，以便保证出苗整齐。施入腐熟的农家肥20 000kg/hm^{2}或钙镁磷肥500kg/hm^{2}作底肥，然后用旋耕机对土壤进行适宜的翻耕，把表土层耙细、整平，使底肥与细碎的土壤混合。

3.3 播种技术

3.3.1 种子处理

播种前将种子摊在地面或木板上，厚度3～4cm，每天翻动3～4次，在阳光下暴晒3～4d，不仅可破除休眠，而且可以加快种子萌发速度。

3.3.2 播种期

长江流域及其以南地区适宜秋播，播期为9月下旬至10月中下旬，也可春播，播期为3月下旬至4月中旬。北方较寒冷地区多为春播，一般在解冻后播种。

3.3.3 播种量和播种方式

可条播和撒播，以条播为宜，播种深度2～3cm，播种后及时镇压。条播行距25～30cm。牧草生产时条播的播种量45～60kg/hm^2，撒播的播种量60～90kg/hm^2，还可以与箭筈豌豆、紫花苜蓿等直立型豆科牧草进行混播，以并行混播播种为宜，用种量30%～35%，可有效地提高混播群体的产量和饲草品质，并能起到改良土壤的效果。生产种子时，以条播为宜，条播行距40～50cm，播种量30～45kg/hm^2。

3.3.4 水肥管理

三叶期除杂后，施用尿素75kg/hm^{2}作为提苗肥。每次刈割利用后追施尿素120kg/hm^2。入冬早春前施用尿素45kg/hm^2，注意入夏前后停止刈割或放牧，可进行一次中耕，并追施尿素、硫酸钾各150kg/hm^2。在降水量低于500mm的地方可适当灌溉。

3.3.5 病虫杂草防控

苗期生长比较缓慢，容易受杂草危害，应加强杂草的防控。三叶期后根据杂草生长情况，可选用阔叶型除草剂防治地面阔叶型杂草。生长期病虫害较少，但由于种子萌发速度慢，种子在萌发期易被地下害虫如蝼蛄等啃食，需要提前用农药拌种。在生长期若有锈病、白粉病、麦角病等病害和蚜虫等虫害发生，及时按照农药安全使用标准选用国家规定的药物进行防治。

4 生产利用

可刈割调制青干草或青贮利用，也可直接放牧利用。刈割利用一般在抽穗期进行，留茬5～6cm。调制青干草时，宜选择干燥晴朗天气，刈割晾晒，当上层植物含水量为40%左右时进行翻晒，待牧草水分低于18%时即可打捆或堆垛。调制青贮料时，刈割后摊晒至水分含量为65%～75%时，填入青贮窖中青贮，一般最好与豆科牧草一起进行混合青贮。放牧利用要进行合理的划区轮牧，一般20d左右放牧一次，不可重度放牧，放牧强度应根据放牧后牧草高低来确定，保持5cm留茬高度为宜。开始放牧应在牧草孕穗期进行，结束放牧应在牧草生长发育结束前30～40d停止。

川西扁穗雀麦营养成分（以风干物计）

生育期	CP (%)	EE (%)	CF (%)	NDF (%)	ADF (%)	Ash (%)	Ca (%)
抽穗期	20.1	2.9	22.7	47.6	25.2	0.77	0.27

注：数据由农业部全国草业产品质量监督检验测试中心提供。

川西扁穗雀麦群体

川西扁穗雀麦单株